哆啦A夢

學習大進擊⑤

U0551084

地球環境復原燈

【角色原作】
藤子·F·不二雄
【審訂】上田正人
（日本關西大學化學生命工學部教授）

※轟隆隆

什麼是環境問題？

※打雷閃電

※嘩啦

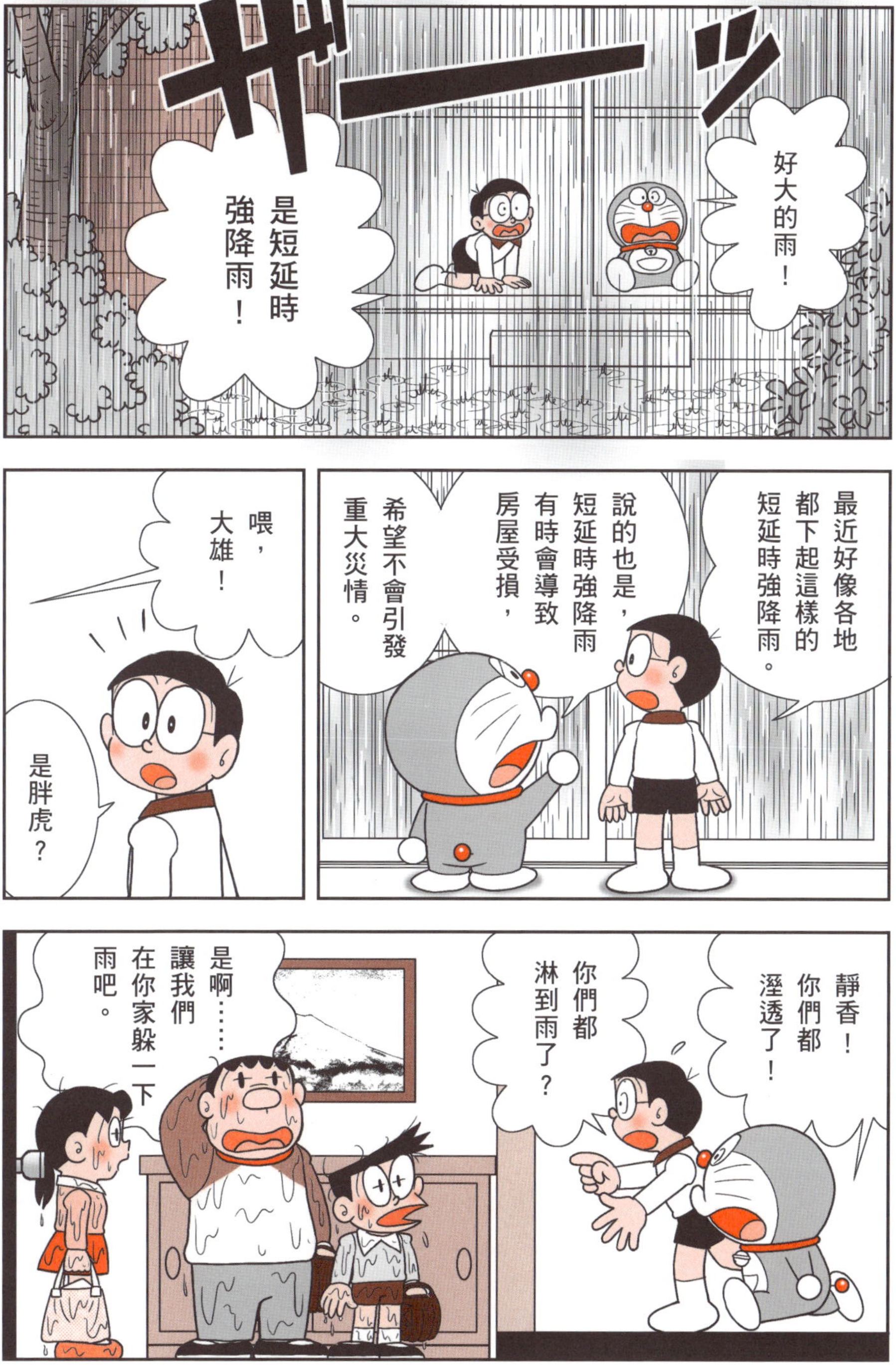

※短延時強降雨：無預警的短時間在小範圍降下豪大雨。

我和胖虎在空地玩傳接球，剛好遇到下大雨。
我去買東西，回來的路上……
我最喜歡的購物袋都溼透了！
我去拿毛巾。
我有更好的東西。
「瞬間乾洗吹風機」。
※轟嗡～轟嗡～
ボワ～
ボワ～
好厲害！一下子就乾了。
哆啦A夢，謝謝你。

為什麼會突然下起短延時強降雨呢？
氣象預報也沒說會下雨啊！
聽說最近短延時強降雨的發生機率變高了，真令人擔心。
你們快到浴室來。
※豔陽高照
讓我用可以實驗各種氣象現象的「氣象板」與短延時強降雨轉接器來說明。
氣象板是地表。
スーッ
地表上空有冷空氣層。
①地表附近含有水蒸氣的暖空氣，慢慢的往上升。
②越往上升，氣壓越低，含有水蒸氣的空氣因而膨脹，溫度下降。
③水蒸氣與空氣中的塵埃微粒為核心，結合成小水滴，集結成雲。

接著強烈的上升氣流與冷空氣接觸，急速發展成積雨雲，降下大雨。
這就是短延時強降雨。
ザーッ
我現在知道短延時強降雨的形成原因了，那發生機率的增加呢？
專家認為短延時強降雨發生機率增加，與「熱島效應」有關。
「熱島效應」？
沒錯，日本各地的都市化程度越來越高，大量使用水泥和柏油。
這些人造建材很容易蓄熱，氣溫升高的都市化地區就會出現「熱島效應」。
都市開發時如果沒有謹慎思考各種面向，整體環境就會遍布短延時強降雨的形成因子。
積雨雲
熱氣無法消散
空調等室外機產生熱氣
容易蓄熱的牆壁
建築物較高通風變差
汽車增加
柏油路

※嘩啦

意思是說，城市上空如果積雨雲發達，就可能引發短延時強降雨囉？
短延時強降雨是人類造成的現象嗎？
深入探究或許可以找出更深沉的原因。
雨停了！
大雄，謝謝你讓我們躲雨！
真是幫了大忙。
嗯，再見，明天學校見！
第二天
各位同學，昨天下了短延時強降雨，你們家和家人都平安無事吧？
沒事！家裡都平安！都很好！

可惜學校受到暴雨影響，各位種植的「綠窗簾」被雨水打壞了。
雖然很遺憾，不過，學校會再重新種植，各位不用擔心！
老師！下次種植綠窗簾，我建議種小玉西瓜或迷你哈密瓜！
種成功後，還能吃美味水果。
ドッ
剛田同學，種綠窗簾的目的是為了吃嗎？
那順著大家昨天經歷了短延時強降雨的機會，
今天就一起來好好思考「環境問題」吧！
環境問題？
這與短延時強降雨有關嗎？
ザワ
ザワ
ザワ
ザワ

※臉紅

※議論紛紛

「環境問題」指的是伴隨各位的日常生活為地球環境帶來的變化。
能源問題
森林破壞
地球暖化
環境問題
海洋・水質汙染
大氣汙染
生物多樣性的危機
黑板上寫的這些問題只是其中幾個課題。
昨天的短延時強降雨就是人類生活造成的環境變化導致的問題。
老師，這些是不是跟都市化鋪設道路有關呢？
野比同學，說得沒錯。

道路是為了居住方便而鋪設的，而且當人口越往城市集中，都市化程度越高。
都市化會增加人造建築體，減少綠地等大自然環境。
當綠地消失，高度都市化的城鎮街道就容易蓄熱，
像昨天那樣的短延時強降雨，發生機率就會增加。
老師，這叫做熱島效應，對不對？
沒錯，剛田同學。
看來大家都有認真學習環境問題呢！
這次受損的「綠窗簾」可以遮蔽強烈日晒，避免室溫升高。
房間涼爽，開空調的頻率就能減少。
反射日光。
植物葉片蒸發水分，帶走周遭熱氣，使人感覺涼爽。也有助於緩解「熱島效應」。

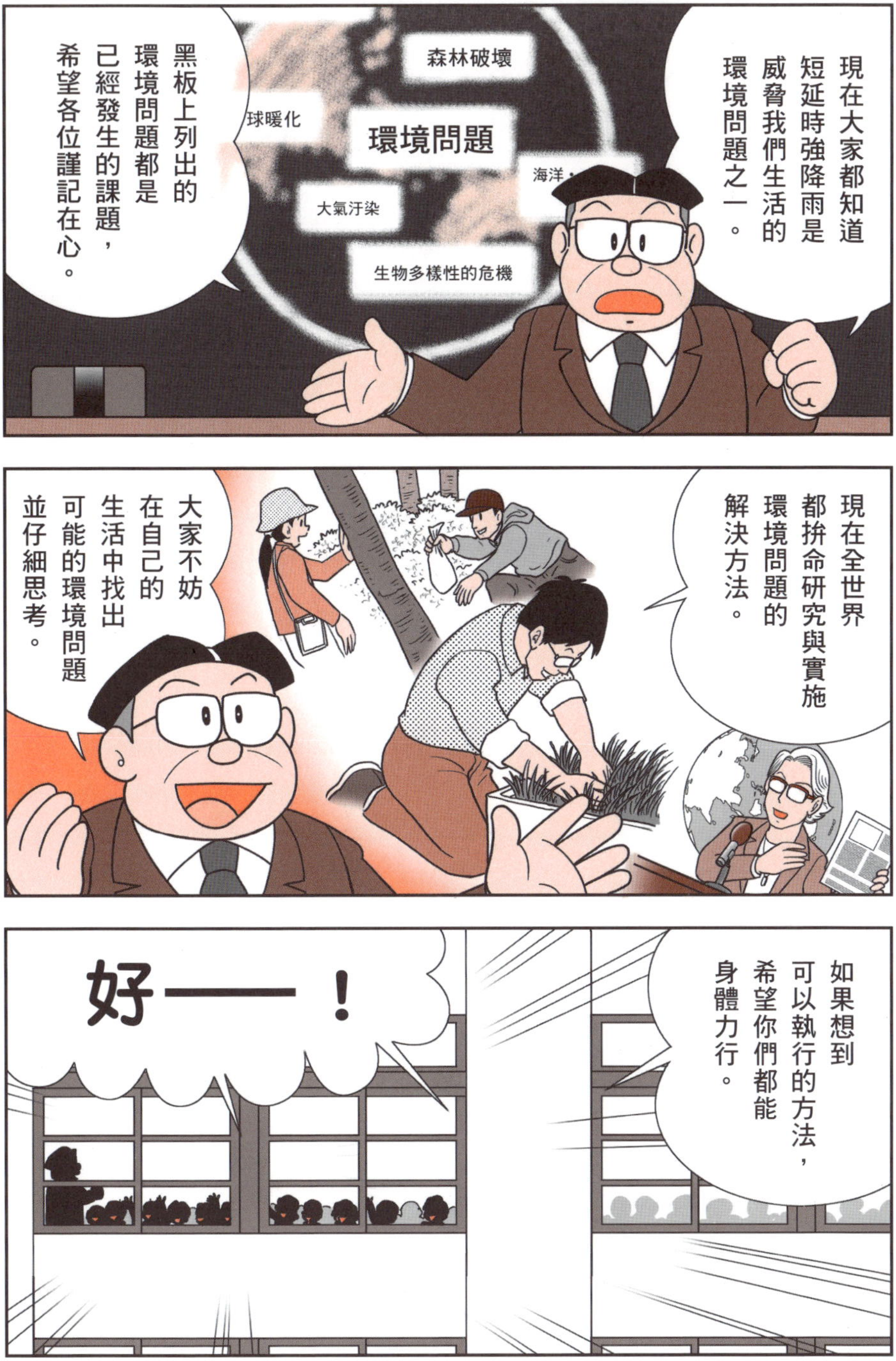

現在大家都知道短延時強降雨是威脅我們生活的環境問題之一。
森林破壞
球暖化
環境問題
海洋
大氣汙染
生物多樣性的危機
黑板上列出的環境問題都是已經發生的課題，希望各位謹記在心。
現在全世界都拚命研究與實施環境問題的解決方法。
大家不妨在自己的生活中找出可能的環境問題並仔細思考。
如果想到可以執行的方法，希望你們都能身體力行。
好——！

哦，環境問題啊！
老師要我們找出身邊的環境問題……
該怎麼做才好呢？
好擔心我找不出來！
只要住在地球上，我們每天都要面對各種環境問題。
咦？是嗎？
以大雄的房間來說……
我的房間怎麼了嗎？
看來你從來沒考慮過環境問題吧。
什麼？你怎麼突然這麼說?!

哆啦A夢，求求你！
用最簡單的方式教我了解環境問題！
ダダッ…
好啦、好啦！

※飛撲

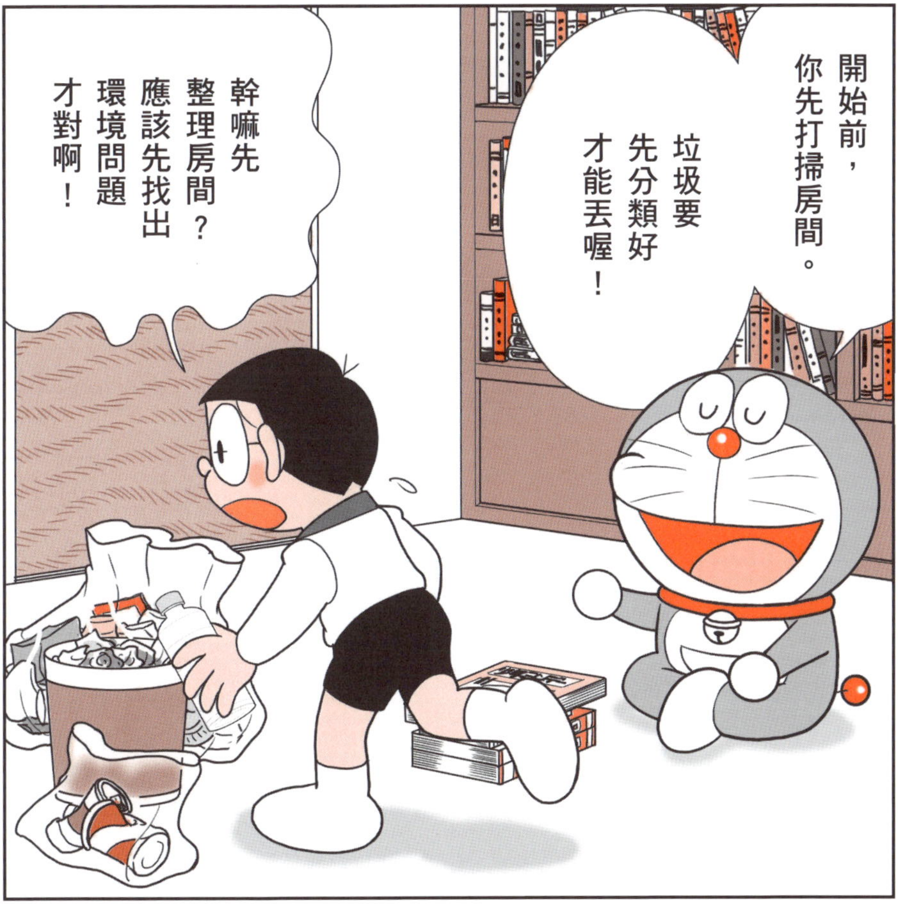
開始前，你先打掃房間。
垃圾要先分類好才能丟喔！
幹嘛先整理房間？應該先找出環境問題才對啊！

前言

致肩負地球未來的各位

地球在大約四十六億年前誕生，之後在約三十五億年前，地球開始出現生命。我們生活的地球，不僅維護大家的生命，也充滿了大自然的美麗恩惠。

現今，地球暖化和森林破壞日益嚴重，地球也向我們發出了求救訊號。從地球長遠的歷史來看，現在的氣候變遷或許只是瞬間的微熱現象。因此有人認為無須理會，也有人認為人類想要恢復氣候的原有狀態是很可笑的想法。無論如何，唯一可以確定的是，人類是造成氣候變遷的元凶。此外，環境劇烈變化不只影響人類，還會危害其動物和植物。

現在有背景各異的人，從各種立場出發，推動著各種計畫改善環境。我既是一位成年人，也是一名研究學者，盡一份自己的心力，我將在後方篇幅介紹自己的做法。然而，環境的惡化速度很快，卻需要很長的時間才能恢復。有鑑於此，想在我這一代解決環境問題，可說是相當困難的事情。

各位是延續前人計畫的接班人。為了解決地球的環境問題，我認為對於地球之美與豐沛物資心懷感恩，了解地球對於人類的重要性，是邁向未來的關鍵。希望各位能透過本書學習環境問題，了解目前有哪些方法可以解決環境問題，以及我們可以為地球做些什麼。

關西大學化學生命工學部教授
上田正人
（本書審訂者）

目錄

第3章 什麼是垃圾問題？……84

目錄

地球真的很辛苦！

大雄跟我說了，
老師要你們從生活中找出並思考環境問題。
可是，老師突然這麼說，我們也不知道該從哪裡開始……
環境問題有很多，確實不知道該從哪裡開始。
既然如此，就從宇宙來思考環境問題吧！
「模擬程式」。
透過電腦計算以立體投影方式呈現實驗結果。

パッ
※出現
是地球！
這是用立體投影方式呈現「暖化」後的地球狀況。
為什麼地球是紅色的呢？
紅色代表平均氣溫上升的國家和地區。
什麼！幾乎所有國家和地區的氣溫都上升了啊！

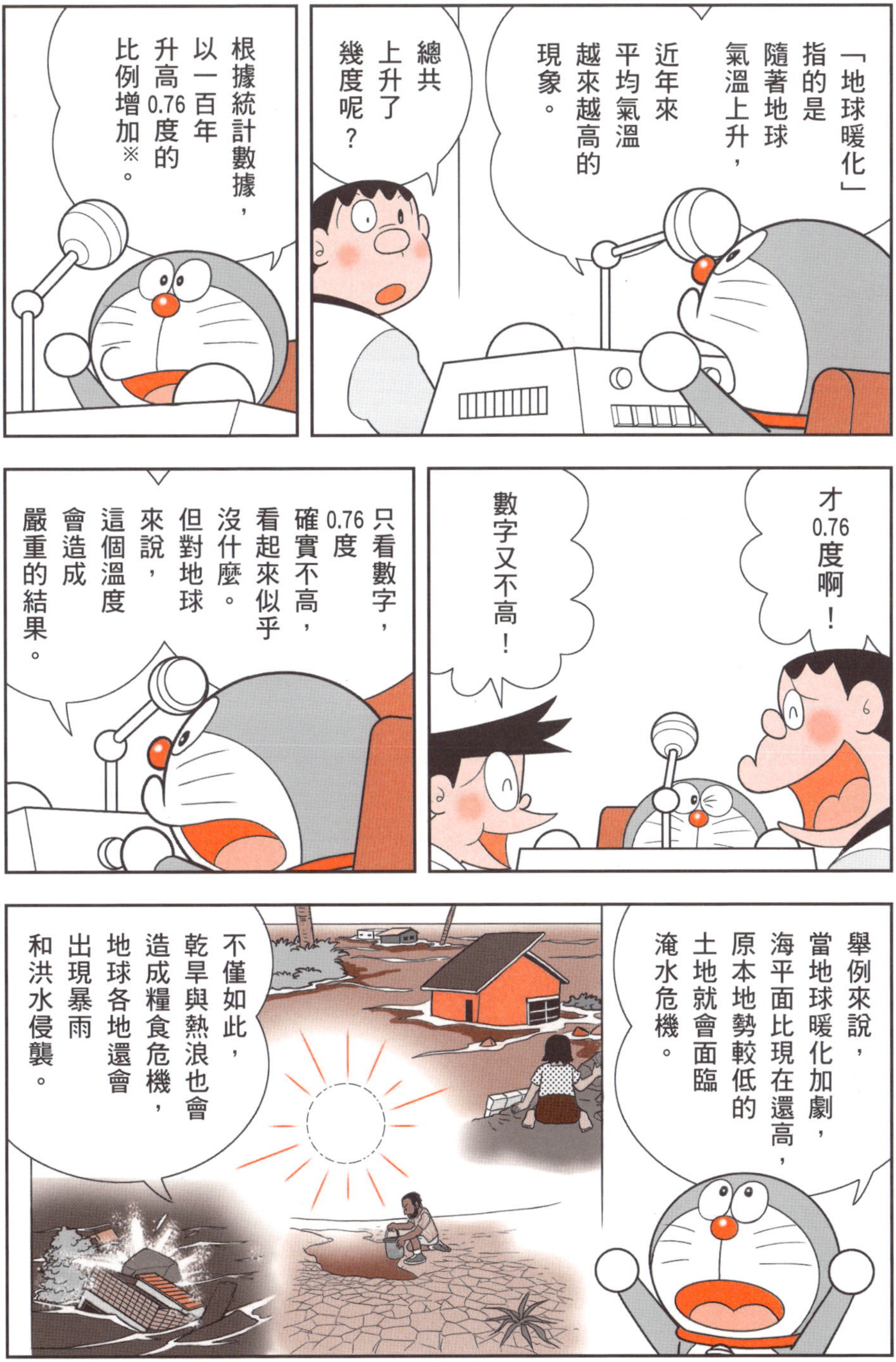
「地球暖化」指的是隨著地球氣溫上升，近年來平均氣溫越來越高的現象。
總共上升了幾度呢？
根據統計數據，以一百年升高0.76度的比例增加※。
才0.76度啊！
數字又不高！
只看數字，0.76度確實不高，看起來似乎沒什麼。但對地球來說，這個溫度會造成嚴重的結果。
舉例來說，當地球暖化加劇，海平面比現在還高，原本地勢較低的土地就會面臨淹水危機。
不僅如此，乾旱與熱浪也會造成糧食危機，地球各地還會出現暴雨和洪水侵襲。

※【出處】日本氣象廳官網

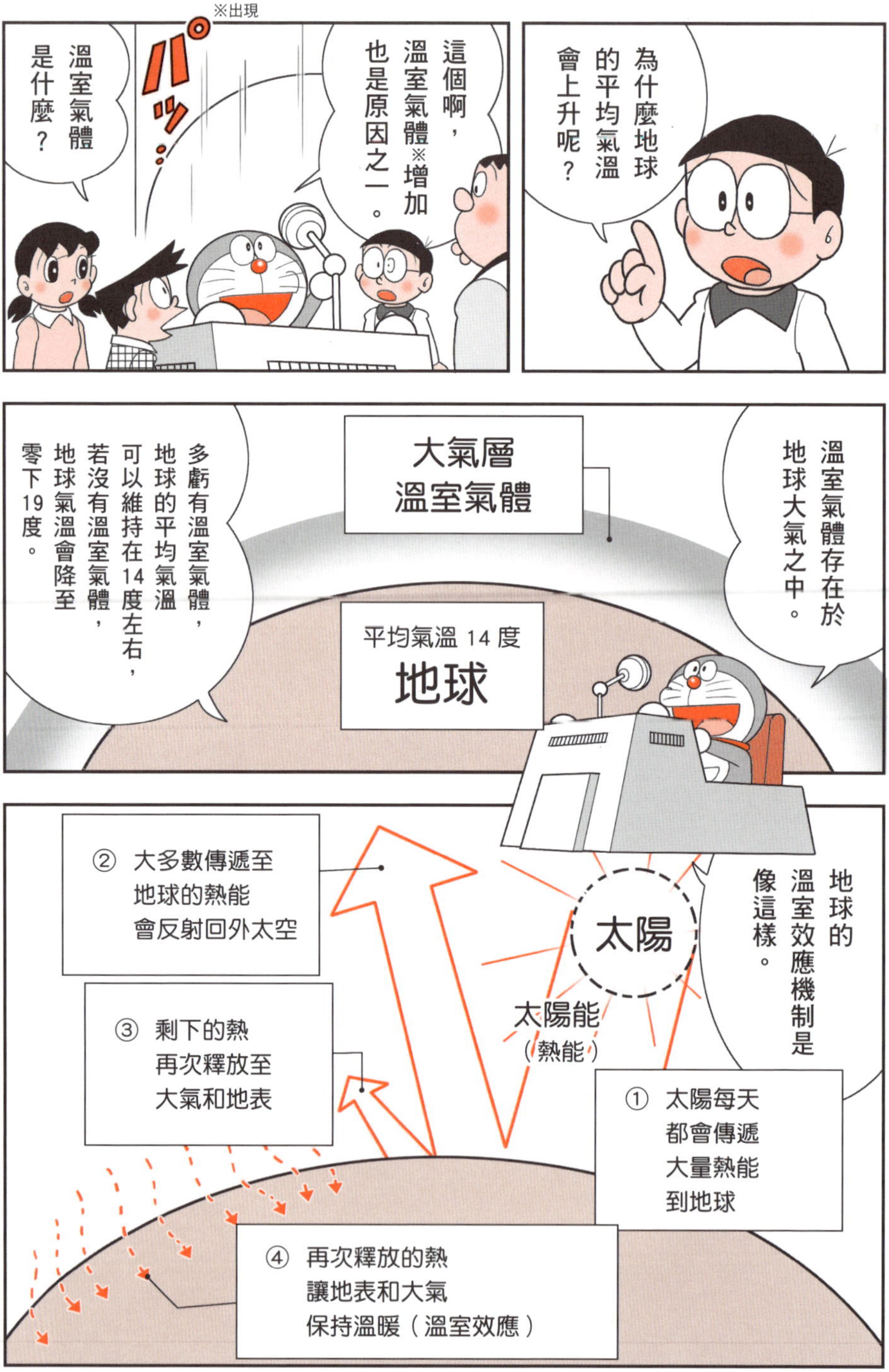

※溫室氣體：具有蓄熱效果的地球大氣成分。（請參閱第三十八頁）

太陽
太陽能
再次釋放的熱越來越多
大氣中的溫室氣體過度增加
溫室效應太強使地表溫度越來越高地球的平均氣溫也逐漸升高
當溫室氣體過度增加，蓄熱保溫的效果就會變得太強，導致地球暖化。
溫室氣體是地球不可或缺的氣體，過度增加反而會危害地球。
感覺很像是正義使者突然變成惡魔的化身。
為什麼溫室氣體會過度增加呢？
人類活動產生的二氧化碳（CO2）急速增加，是溫室氣體遽增的最大主因。
CO2

減少二氧化碳的最大功臣，是占地球面積七成的海洋。
海
海洋？
大氣
二氧化碳很容易溶於水，海水會在大氣和海面的交界處，持續吸收二氧化碳。
CO2
海裡
大氣
不過，溶於海水的二氧化碳如果過度增加，就會改變海水性質。
導致海洋環境不適合海洋生物生存。
海裡
我現在才知道海洋還有這樣的作用。
話說回來，海洋也會受到海水溫度上升、地球暖化的影響。
パチ
有海洋森林之稱的珊瑚礁就是其中之一。
※啪嚓

珊瑚礁不只吸收二氧化碳，
還會製造氧氣和養分，供九萬種生物棲息成長。
好厲害！我想要潛入海裡，以珊瑚礁為舞台開演唱會！
當珊瑚礁受到暖化危害，就會變成這樣。
白色珊瑚？
這稱為「白化現象」，代表珊瑚瀕臨死亡。
好傷心……我不想看到珊瑚變這樣。
是受到白化現象的影響嗎？原本有一堆魚在珊瑚礁生活，現在都看不到了……

有注意到嗎？魚對水溫和環境變化很敏感。
所以牠們會去別的地方住。
這也證明了死掉的珊瑚礁不適合生物居住。
還有啊，森林是陸上生物的棲息地，植物透過光合作用吸收二氧化碳，扮演重要角色。
而珊瑚礁有海洋森林之稱，和陸地森林一樣，發揮相同作用。
CO_2
O_2
森林吸收
二氧化碳
釋放氧氣
無論是熱帶地區的森林，或是極地、海洋涵蓋的地球表面都棲息著許多生物。
地球暖化也對野生動物造成極大影響。

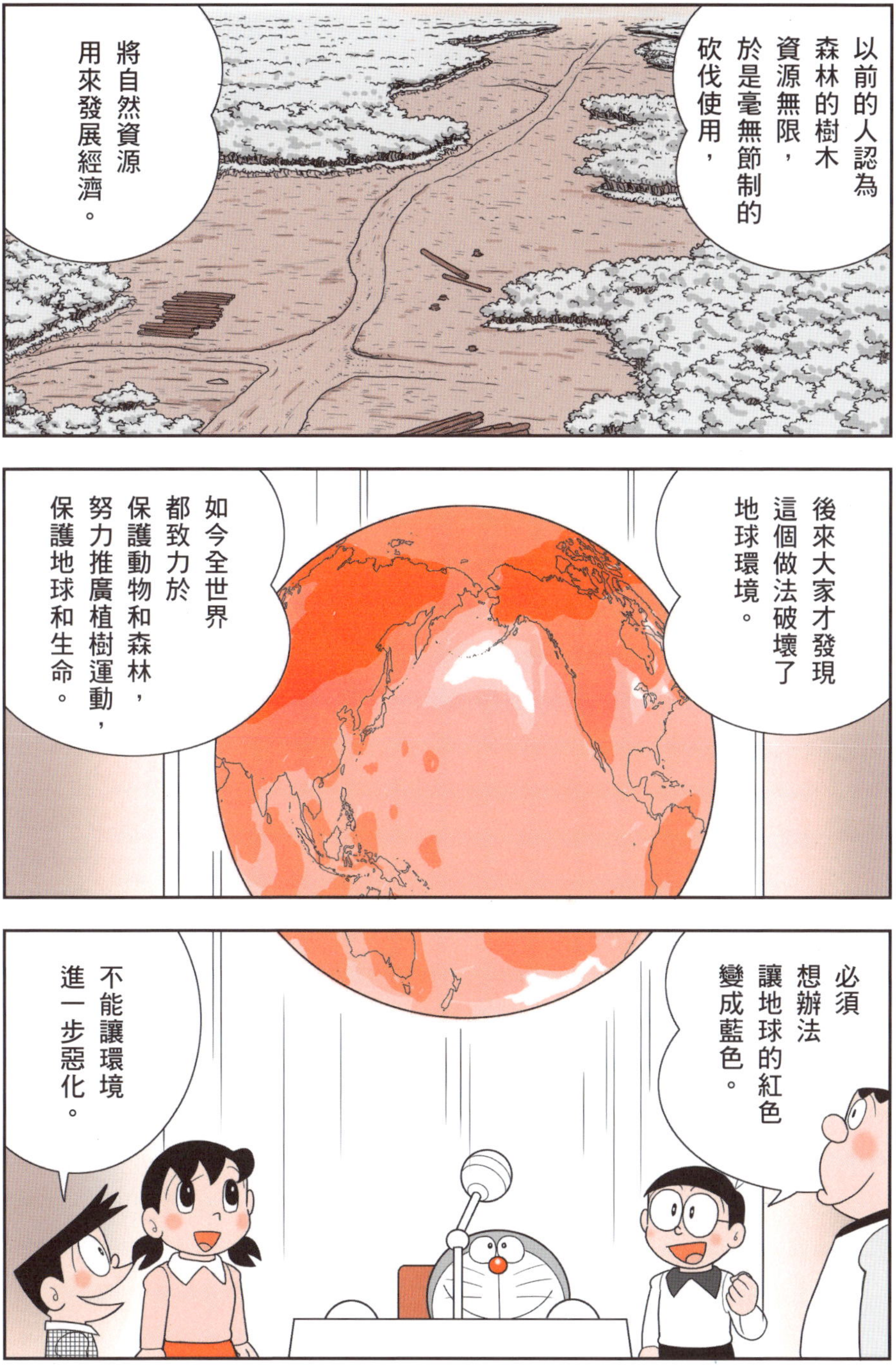
以前的人認為森林的樹木資源無限，於是毫無節制的砍伐使用，
將自然資源用來發展經濟。
後來大家才發現這個做法破壞了地球環境。
如今全世界都致力於保護動物和森林，努力推廣植樹運動，保護地球和生命。
必須想辦法讓地球的紅色變成藍色。
不能讓環境進一步惡化。

大家好用功啊！累了吧？
來吃點心，休息一下吧！
是甜甜圈耶！
看起來好好吃！
我要開動了！
你們在研究環境問題啊，
其實我每天也在學習環境問題喔！
咦？真的嗎？
大雄，你聽過「糧食浪費」嗎？
唔？
沒聽過。
「糧食浪費」指的是將還能吃的食物丟掉。
○○○カレー
CHOCO POO

事實上，你們現在吃的點心就是用一般人可能丟掉的食材做的喔！
真的假的!!
可是做出來的甜甜圈很好吃耶！
那些被丟掉的食物會造成什麼樣的環境問題呢？
你們好好調查吧！
沒被用到直接丟掉的食物，最後去了哪裡？
很可惜，很多都被送到焚化爐燒掉了。
燒掉？那不就會產生二氧化碳嗎？
沒錯。
也就是說，那也會造成地球暖化囉？
我們一起來調查日常生活如何造成地球暖化吧！

什麼是環境？

「環境」根據辭典的定義，是「泛指地表上影響人類及其他生物賴以生活、生存的空間、資源及其他彼此相關的事物狀態」。其重點在於與彼此相關的「相互關係」。舉例來說，人類種植作物來吃，作物靠人類提供的肥料和水分生長，這就是彼此相關的相互關係。又如，人類呼吸空氣，吐出二氧化碳；植物吸收二氧化碳，釋放氧氣，這也是相互關係。在「自然環境」中，存在著許多這樣彼此相關的相互

各種「環境」

學習環境

打造一個適合學習的安靜空間，齊備方便學習的書桌椅，就是「學習環境良好」的狀態。

通訊環境

有完備的電話、電腦、智慧型手機等通訊器材，以及使用這些器材必備的通訊線路，就是「通訊環境良好」的狀態。

關係。

為了維持健康的生活，人類必須與周遭環境建立並維持良好的相互關係。若過度採集植物或嚴重汙染空氣，就會破壞這種相互關係，進而損害人類的健康。

如今「人類所處的周遭世界，也就是環境」並不安好，這是不爭的事實。這種不安好的狀態被稱為**環境問題**，人類必須好好處理並積極改善與周遭環境的相互關係，扭轉當前的困境。

生活環境

擁有健康生活不可缺少的空氣、水，以及便利生活必需的交通、商店，自然與社會條件都很充分就是「生活環境良好」的狀態。

海洋環境

有著乾淨的海洋、多樣的海洋生物，具備健康的生存條件，彼此間維持良好的依存關係，這就是「海洋環境良好」的狀態。

什麼是環境問題？

環境問題主要指的是人類活動導致地球環境惡化，所引起的各種問題，包括致使地球平均氣溫※上升的**地球暖化（氣候變遷）**、空氣變髒的**空氣汙染**、丟棄廢棄物產生的**垃圾問題**、動物因地球變化失去食物和棲地，出現滅絕疑慮的**瀕危物種問題**等。

環境問題中最核心的議題是地球暖化，全世界都針對此議題構思對策、互相交流並採取行動。

各種「環境問題」

■ 地球暖化（氣候變遷）

氣溫較高的夏季，容易讓人中暑。大雨和森林大火等天災不斷，也影響了農作物的生長。

■ 空氣汙染

工廠排放的有害物質累積在空氣中，產生酸雨和光化學煙霧，前者使植物枯萎，後者危害人體健康。

詞語解說 **平均氣溫**：一段期間的氣溫平均值。

地球的平均氣溫究竟上升了多少？在十八世紀中期之前，地球的平均氣溫約為攝氏十四度，氣候宜人。然而自那時起，地球平均氣溫就以每百年上升零點七六度的速度持續升高。各位可能會認為「零點七六度」的升幅很低，但其所造成的影響卻十分顯著。全球各地頻遭暴雨、熱浪和乾旱侵襲，造成嚴重的傷害。

此外，自二〇一四年以來，全球平均氣溫一年比一年高。若此趨勢持續，到了二一〇〇年，日本東京的最高氣溫將突破攝氏四十三度。總而言之，地球暖化已成為急遽加深的全球性問題。

垃圾問題

人類丟棄的塑膠垃圾流入海中，危害海洋生物安全。（其中一例）

瀕危物種問題

野生動物失去食物和棲地，導致無法在地球生存，面臨滅絕危機。

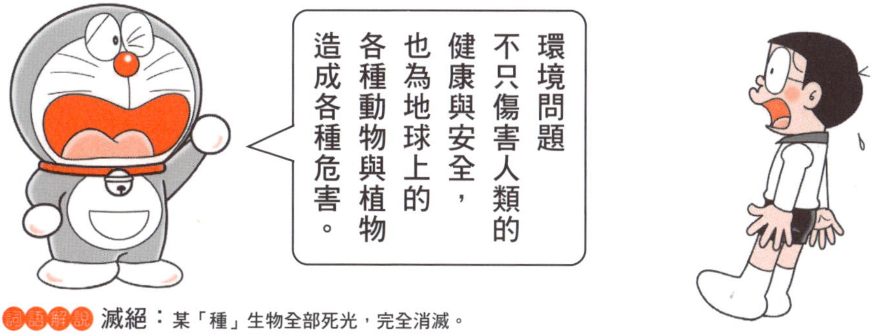
環境問題不只傷害人類的健康與安全，也為地球上的各種動物與植物造成各種危害。

詞語解說 **滅絕**：某「種」生物全部死光，完全消滅。

日本也面臨嚴重的暖化問題

從一八九八年開始統計以來，日本的平均氣溫不斷重複略為升降起伏的過程。儘管氣溫高高低低，但長期來看，日本平均氣溫是呈現持續上升的趨勢。春季每百年上升一點六二度；夏季每百年上升一點二五度；秋季每百年上升一點三六度；冬季每百年上升一點二四度，綜觀來說，各季節的平均氣溫皆持續上升中。

二〇一〇年夏季，受到聖嬰現象※和反聖嬰現象※影響，平均氣溫比前一年夏

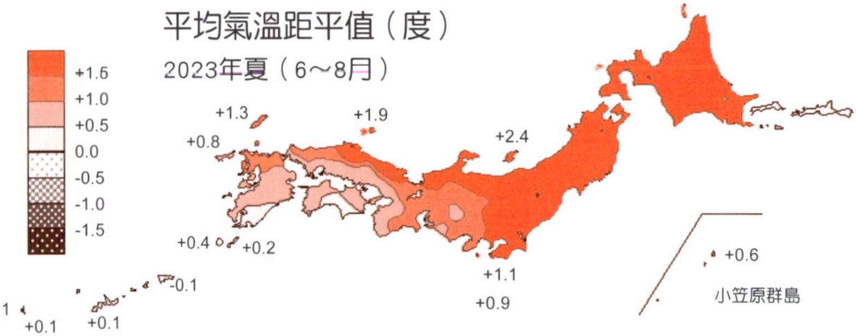

平均氣溫距平值（度）
2023年夏（6～8月）
+1.5
+1.0
+0.5
0.0
-0.5
-1.0
-1.5
+1.3
+0.8
+1.9
+2.4
+0.4
+0.2
+1.1
+0.9
+0.6
小笠原群島
-0.1
+0.1
+0.1

【出處】日本氣象廳官網

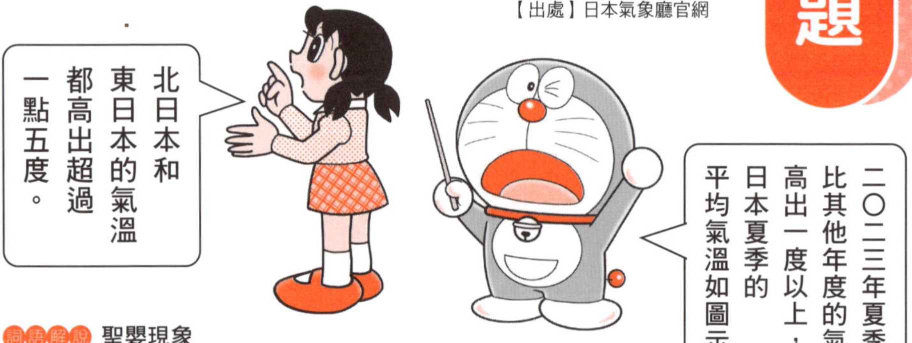

二〇二三年夏季比其他年度的氣溫高出一度以上，日本夏季的平均氣溫如圖示。
北日本和東日本的氣溫都高出超過一點五度。

詞語解說 聖嬰現象

太平洋赤道附近的海面水溫比往年高的現象。與太平洋全域的海洋、大氣有關，是氣候變遷的原因之一。

季上升一點零八度。之後十多年間，平均氣溫上升幅度較為緩和，每年上升幅度皆低於一度。然而，二〇二三年，氣溫卻升高了一點七六度。

在石川縣與福島縣等較偏北的地區，最高氣溫甚至突破攝氏四十度。春季到夏季期間，因中暑送醫的人數較前一年增加一點三倍（約九萬一千人）。此外，超乎預期的暴雨癱瘓交通（公共交通工具停駛等），造成不少人回不了家。

各位讀這本書的時候，該年夏天的氣溫是如何的呢？

與往年相較的日照時間（%）
2023年夏（6～8月）

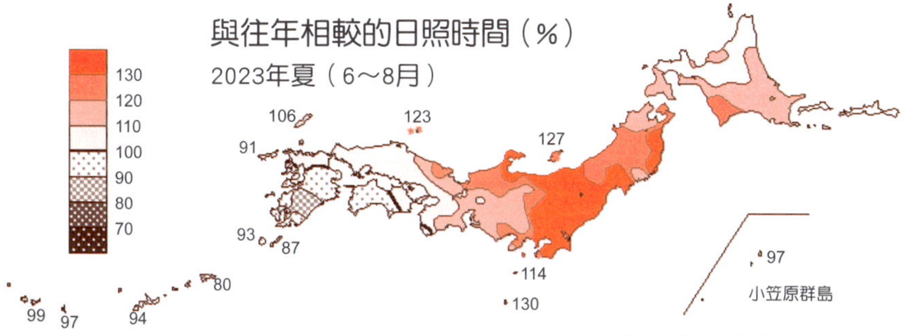
130
120
110
100
90
80
70
106
123
127
91
93
87
114
130
97
小笠原群島
99
97
94
80

【出處】日本氣象廳官網

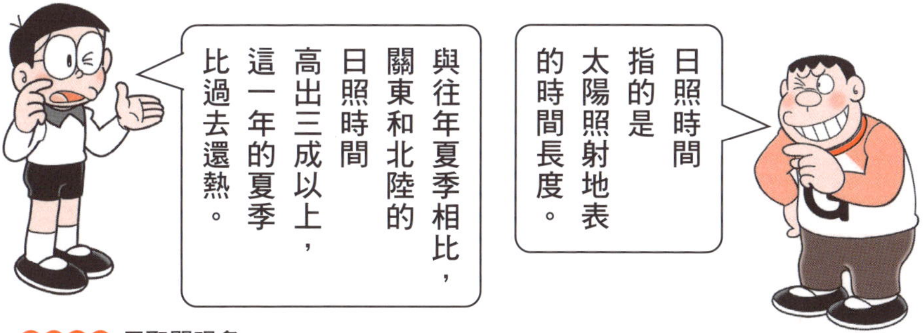
日照時間指的是太陽照射地表的時間長度。
與往年夏季相比，關東和北陸的日照時間高出三成以上，這一年的夏季比過去還熱。

詞語解說 反聖嬰現象

太平洋赤道附近的海面水溫比往年低的現象。專家認為其對氣候變遷的影響，比聖嬰現象小。

溫室氣體讓地球越來越熱

話說回來，地球的平均氣溫為什麼會持續上升呢？最大原因在於人類長期大量使用煤炭、石油等化石燃料※，導致釋放至大氣的二氧化碳和甲烷等**溫室氣體**※過度增加。

溫室氣體能夠吸收太陽熱氣，再將吸收的熱氣釋出至地表，藉此讓地球維持宜人的溫度。由於這個緣故，地球的平均氣溫長期維持在攝氏十四度左右，適合生物棲息生長。如果沒有溫室氣體，地球的平

這是地球維持適溫時的示意圖。

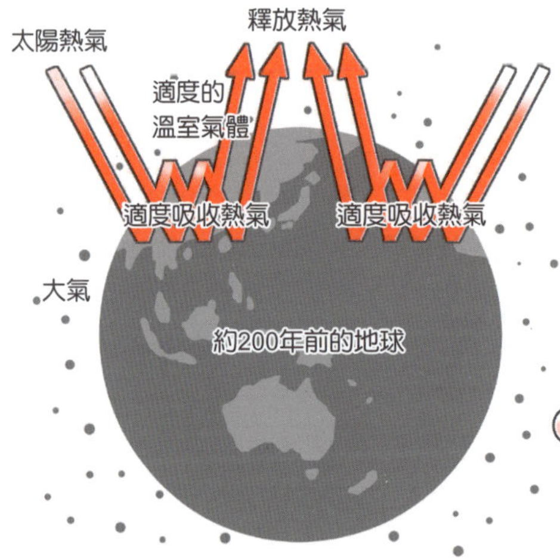

太陽熱氣
釋放熱氣
適度的溫室氣體
適度吸收熱氣
適度吸收熱氣
大氣
約200年前的地球

適度的溫室氣體可吸收熱氣，再將部分熱氣釋出至地球表面。

詞語解說 化石燃料

煤炭、石油、液化天然氣等，從地底深處開發的燃料。燃燒這些燃料產生的能量用於發電、運輸，但燃燒時會產生溫室氣體。

均氣溫將降至零下十九度左右，我們就不會有這麼多的物種了。

不過，當溫室氣體太多，保溫效果反而會過於強烈，並因此導致地球溫度逐漸上升。如今，地球就是處於保溫效果太強的狀態，引發各種異常氣候，夏季氣溫甚至逼近四十度。

這就是溫室氣體增加導致的地球暖化現象。

這是現在暖化後的地球示意圖。

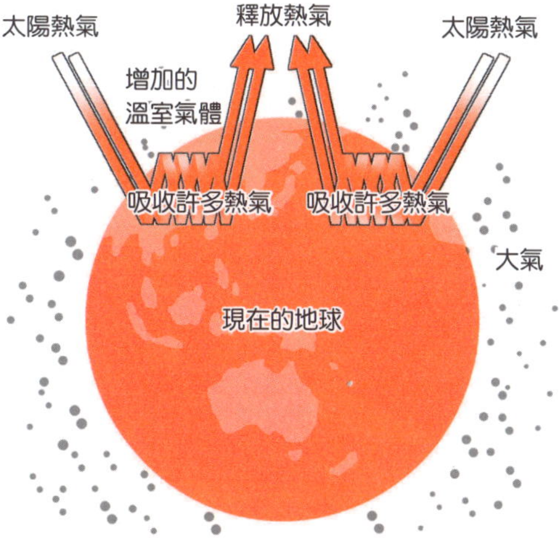
釋放熱氣
太陽熱氣
太陽熱氣
增加的溫室氣體
吸收許多熱氣
吸收許多熱氣
大氣
現在的地球

【參考】編輯部根據日本「全國地球暖化防止活動推廣中心・網站」資料製圖

溫室氣體增加太多，吸收過多地球熱氣。

詞語解說 溫室氣體

溫室氣體有76%是二氧化碳，因此盡可能減少二氧化碳排放量，是減緩地球暖化的重點。

工業革命加快暖化速度

在十八世紀※之前，地球的平均氣溫約為攝氏十四度，保持適溫。十八世紀後半從英國展開、十九世紀遍及歐洲各國的**工業革命**※，被認為是造成地球暖化危機的起因。

過去商品製造與交通運輸，主要仰賴的都是人力或動物的力量，以及風力和水力等自然力量。引發工業革命的蒸汽機則是以化石燃料中的煤炭為動力，顛覆了以往的製造業與交通運輸，是「產業的一大

何謂蒸汽機？

燃燒煤炭等化石燃料煮水，利用蒸汽壓力推動物體的機制就是蒸汽機。

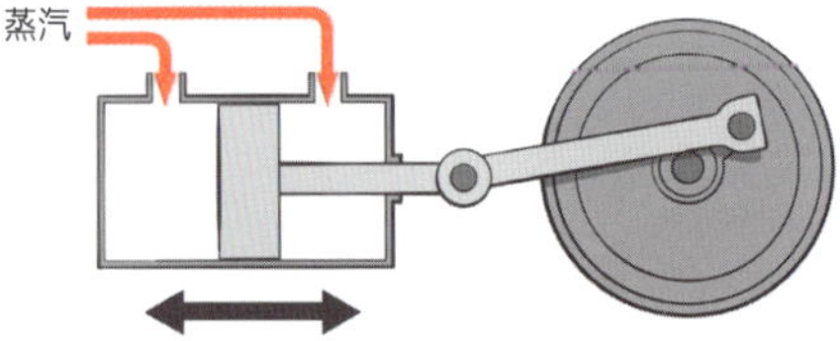
蒸汽

高溫蒸汽推動活塞，使車輪轉動。
（省略排氣）

以簡單插圖來解說蒸汽機的運作機制。
為了製造蒸汽，燃燒化石燃料產生的氣體釋放至大氣裡。

詞語解說 世紀

年代量詞。根據基督出生的年分，每一百年為一世紀。十八世紀指的是1701～1800年。

革命」。

雖然社會變方便，但使用化石燃料會持續釋放二氧化碳至大氣。當時英國倫敦的空氣中覆蓋著一層煙霧，整片天空都灰濛濛的。

從那時到現在，整個地球的二氧化碳濃度增加了五成，二〇一一至二〇二〇年間，全球平均氣溫比工業革命之前高出了攝氏一點零九度。

工業革命不只催生出新的產業，也創造出新的環境問題。

蒸汽機也大幅影響交通環境。
蒸汽火車
當時根本沒想到溫室氣體後來會引發環境問題。
蒸汽船
蒸汽汽車

詞語解說 工業革命

工業革命是展開工業化社會的起始點，蒸汽機和電力實用化，大幅改變人類生活。

地球暖化與「植物」

「光合作用」是植物的功能，各位在學校應該都學過了。簡單來說，光合作用是「綠色植物吸收二氧化碳和水，釋出氧氣並製造澱粉」的機制。

這個功能可以有效減少空氣中的二氧化碳。照理說，若能增加森林面積，就能減少二氧化碳的量，減緩地球暖化最大主因的影響力。

遺憾的是，地球的森林面積不僅沒有增加，直到二〇二〇年為止的過去三十年

全球森林面積的增減

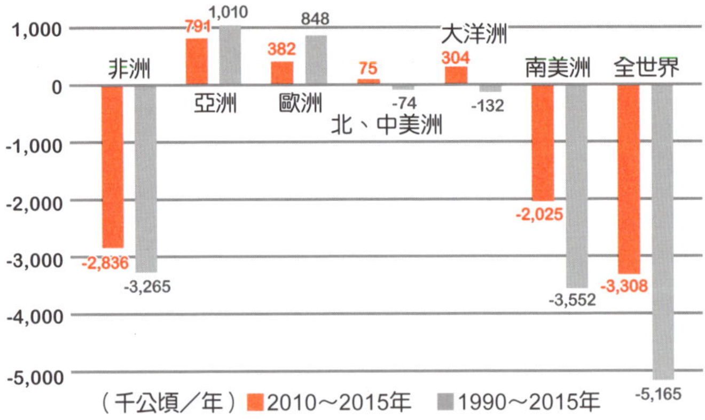

1,000
0
-1,000
-2,000
-3,000
-4,000
-5,000
非洲
-2,836
-3,265
亞洲
791
1,010
歐洲
382
848
北、中美洲
75
-74
大洋洲
304
-132
南美洲
-2,025
-3,552
全世界
-3,308
-5,165
（千公頃／年）
2010～2015年
1990～2015年

【參考】日本環境省官網／聯合國糧食及農業組織（FAO）（2015年）
編輯部參考「Global Forest Resources Assessment 2015」資料製作圖表

詞語解說 **五百二十萬公頃**
換算面積約為110萬個東京巨蛋。

間，竟然減少了一億七千八百萬公頃。如果只看二〇〇〇年後的十年間，每年約有**五百二十萬公頃**※的森林在地球上消失。

森林能吸收的二氧化碳量依樹木種類而異，舉例來說，樹齡四十年的杉木，每公頃可吸收八點八噸的二氧化碳。假設全球森林都是杉木，森林吸收二氧化碳的能力便減少了十五億六千萬噸以上。

根據統計，每個世代排放的二氧化碳量每年約為三點七噸。我們應主動減少日常生活所排放的二氧化碳，並且增加「綠地」面積。

尤其是南美洲的巴西和非洲等國家的森林面積減少得最快。
我家利用「植物」做成像窗簾般的遮蔽物，設置綠簾阻斷陽光，還能達到節能省電的效果。
雖然亞洲與歐洲的森林面積增加，卻追不上全世界森林面積的減少速度。

【本文參考】日本林野廳官網、《2020年全球森林資源評估》（FRA）概要

地球暖化與「海洋」

地球表面有百分之七十是海洋，和森林一樣，可以發揮減少大氣中二氧化碳的作用。海洋能夠吸收大氣中約百分之三十的二氧化碳，有效防止地球暖化。

遺憾的是，海洋也受到地球暖化影響出現各種問題。

海平面逐年上升就是其中一個例子。地球暖化導致氣溫上升，冰河※融化後流入海洋，而且海水溫度上升還會增加海水的體積。海平面上升會讓沿海地區以及面

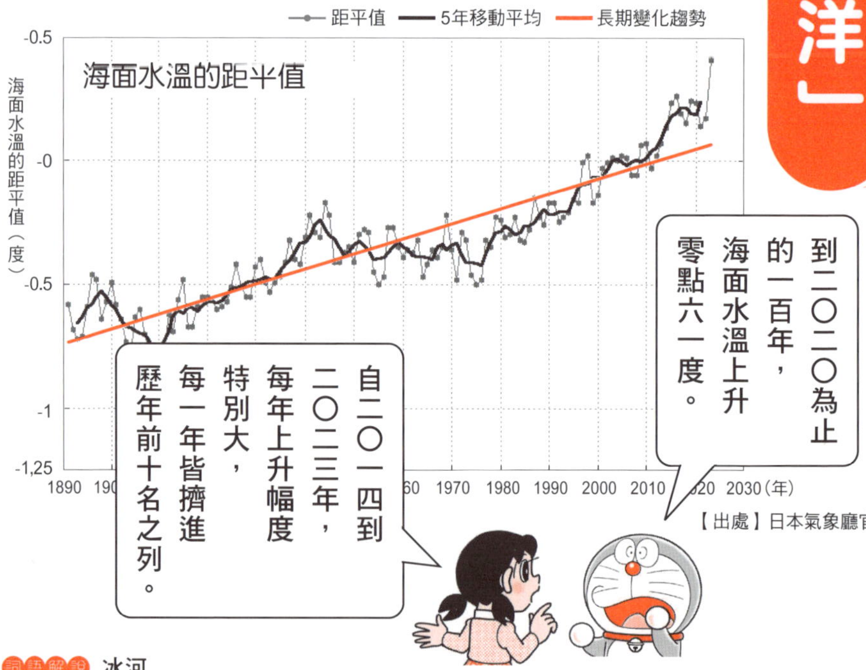

距平值
5年移動平均
長期變化趨勢
海面水溫的距平值
海面水溫的距平值（度）
-0.5
-0
-0.5
-1
-1,25
1890
1970
1980
1990
2000
2010
2030（年）
到二〇二〇為止的一百年，海面水溫上升零點六一度。
自二〇一四到二〇二三年，每年上升幅度特別大，每一年皆擠進歷年前十名之列。

【出處】日本氣象廳官網

詞語解說 冰河

積雪逐漸增厚變成冰，受重力影響流動的固體。

積較小的島國，面臨漲潮時帶來的淹水等災害。

此外，海水溫度變高，還會造成各地海洋出現珊瑚礁※消失等變異，吸收大氣中二氧化碳的能力因而變差。專家認為海水溫度變高，也是創紀錄暴雨發生機率增加的原因之一。

更迫切的課題在於，海洋生物的共生關係一旦崩解，海洋生物的多樣性也可能隨之消失。

大海裡有超過50萬種多樣生物，彼此屬於「獵人與獵物」的關係。

【參考】公益財團法人日本海事宣傳協會官網

詞語解說 珊瑚礁

珊瑚聚集在淺海形成的石灰質岩或島，豐富生物棲息於此，包括克氏雙鋸魚和海葵等，建立共生關係。

地球暖化與「動物」

受到地球暖化影響，無論是棲息在森林或海洋的野生動物都正面臨著生死存亡的生存危機。

如今，全球有超過三萬八千種野生動物遭受滅絕的疑慮（國際自然保護聯盟，二〇二一年）。二〇〇〇年時，因氣候變遷導致的瀕危物種※只有十五種，但二〇〇〇年後急速暴增，到了二〇二〇年竟已經超過四千種。

造成滅絕危機的原因不只地球暖化，

有滅絕疑慮的野生動物案例

北極熊

地球各地的有害物質囤積在北極，導致北極熊的生存環境越來越糟。地球暖化也持續融化北極圈的冰，使得北極熊的生活日益嚴峻。

大貓熊

主食為竹子，竹子生長的山林受到過度開發，生活環境產生極大變化。數量只剩約一千八百隻（預估），恐有絕種之虞。

詞語解說　瀕危物種

瀕危是指接近危險的境地，因此瀕危物種是指很可能會絕滅的物種。

環境破壞、濫捕※、外來種的增加等多重原因造成的疊加影響更為重大。人類必須盡一切可能保護這些瀕危物種。

氣候變遷為瀕危主因之一的瀕危物種數量

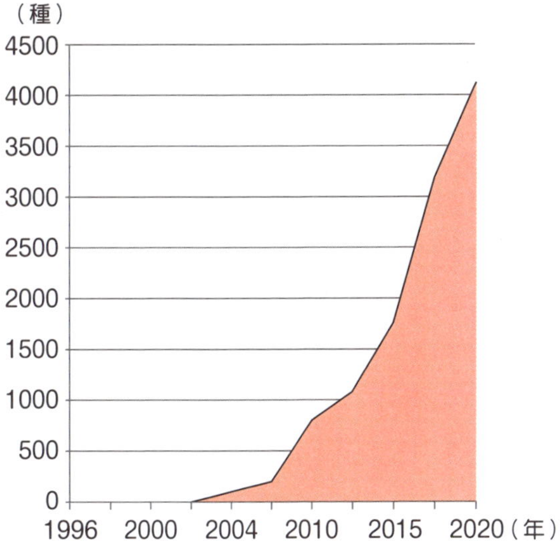
（種）
4500
4000
3500
3000
2500
2000
1500
1000
500
0
1996
2000
2004
2010
2015
2020（年）

【出處】國際自然保護聯盟

可以看出過去二十年，瀕危物種急速增加的趨勢。

綠蠵龜

人類基於食用或裝飾目的濫捕※綠蠵龜，導致數量銳減。還有海洋汙染中的有毒金屬物質進入綠蠵龜體內，妨礙其健康。

無尾熊

因氣候變遷引發的乾旱、熱浪，以及破壞棲地的大規模森林火災，使族群數量驟減。

詞語解說 濫捕

任意捕捉生物之意。

【本文參考】WWF JAPAN官網

地球暖化與「人類生活」

隨著地球逐漸暖化，我們的生活面臨著越來越多挑戰。誠如第三十七頁說明過的，夏季氣溫比往年還高，中暑的人越來越多，以及難以預測的暴雨阻斷交通，害人無法回家等，為人類生活帶來嚴重的影響。不過，影響並非只有如此。

傳染病就是其中之一。讓人類染上各種傳染病的蚊子等生物，在地球暖化影響下活動範圍不斷擴展，日本也開始出現過去從未爆發的傳染病。

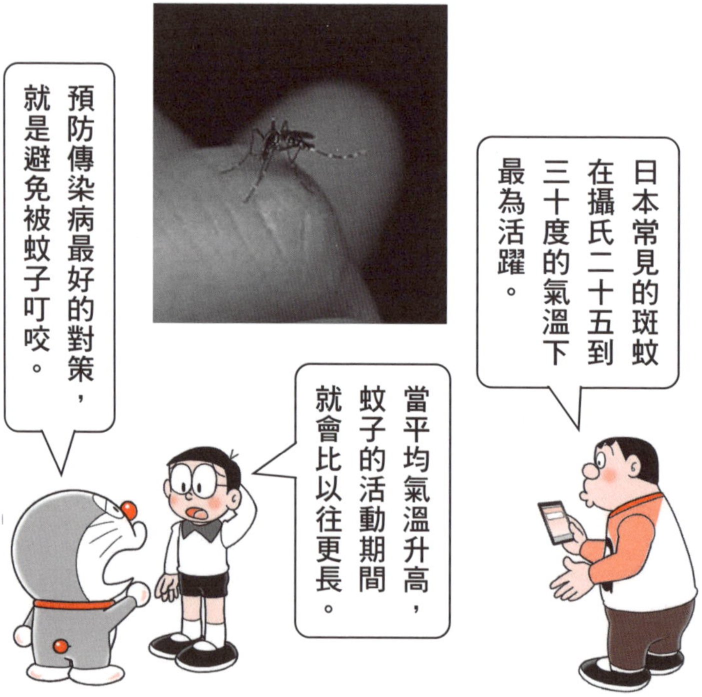
日本常見的斑蚊在攝氏二十五到三十度的氣溫下最為活躍。
當平均氣溫升高，蚊子的活動期間就會比以往更長。
預防傳染病最好的對策，就是避免被蚊子叮咬。

此外，地球暖化也影響了農業。禾本科作物（稻米）與黃豆的成長期縮短，品質變差；相反的，菠菜、白菜等葉菜類蔬菜的成長期變長，為了避免在出貨前枯萎或受損，農家必須費盡心思維持收成。

地球暖化對於漁業的影響也很嚴重。北海道和東北地區的鮭魚和秋刀魚等漁獲量持續減少的原因之一，便是海水水溫升高，魚類開始游到北方海域生活。漁夫在北方海域捕獲許多原本生長在南方海域的魚，怪異現象令人擔憂。

鮭魚、秋刀魚、魷魚過去十年的漁獲量

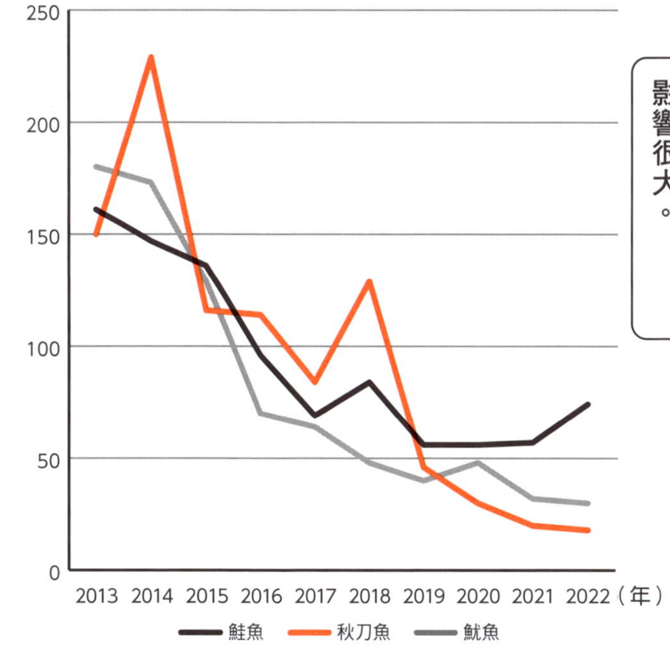
（千噸）
250
200
150
100
50
0
2013 2014 2015 2016 2017 2018 2019 2020 2021 2022（年）
鮭魚
秋刀魚
魷魚

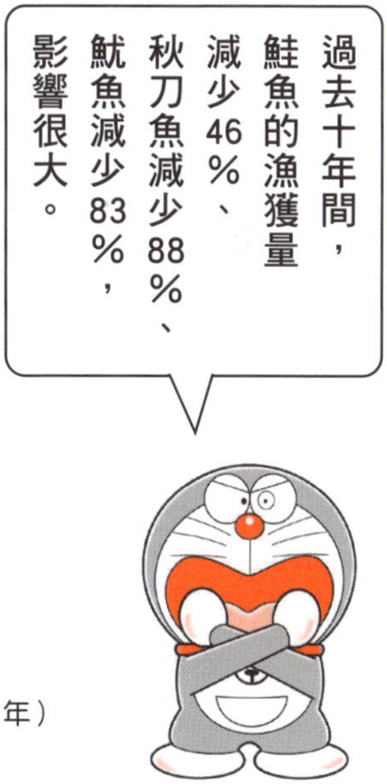
過去十年間，鮭魚的漁獲量減少46％、秋刀魚減少88％、魷魚減少83％，影響很大。

【出處】日本農林水產省2022年漁業、養殖業生產統計

挑戰小測驗

大家應該都了解地球暖化了，一起來挑戰以下五道問題，順便複習地球暖化的重點吧！

1 溫室氣體是地球暖化的原因之一，以下哪些氣體是溫室氣體呢？

Ⓐ 氫氣和氧氣

Ⓑ 二氧化碳和甲烷

Ⓒ 石油和煤炭

請從Ⓐ到Ⓒ三個選項中選出正確答案。

2 十八世紀後半，從英國擴展至全世界，加快地球暖化的是什麼事件？

Ⓐ 農業革命

Ⓑ 資訊革命

Ⓒ 工業革命

3 具有吸收二氧化碳的作用，卻在世界各地逐漸減少的是哪個？

Ⓐ 森林

Ⓑ 海洋

Ⓒ 沙漠

4 地球表面有百分之七十是海洋，海洋可以吸收大氣中多少百分比的二氧化碳呢？

Ⓐ 70%

Ⓑ 50%

Ⓒ 30%

海洋的重要性真是超乎想像。

5 受到地球暖化影響而失去棲地，因環境破壞、濫捕而有滅絕之虞的野生動物，包括北極熊在內，總共超過幾種？

（截至二〇二〇年）

Ⓐ 四十種

Ⓑ 四百種

Ⓒ 四千種

嗯嗯，題目好難啊……各位答對了嗎？
問題的答案和解說，請參照一八二至一八三頁。

什麼是去碳化？

※關燈、燈滅掉

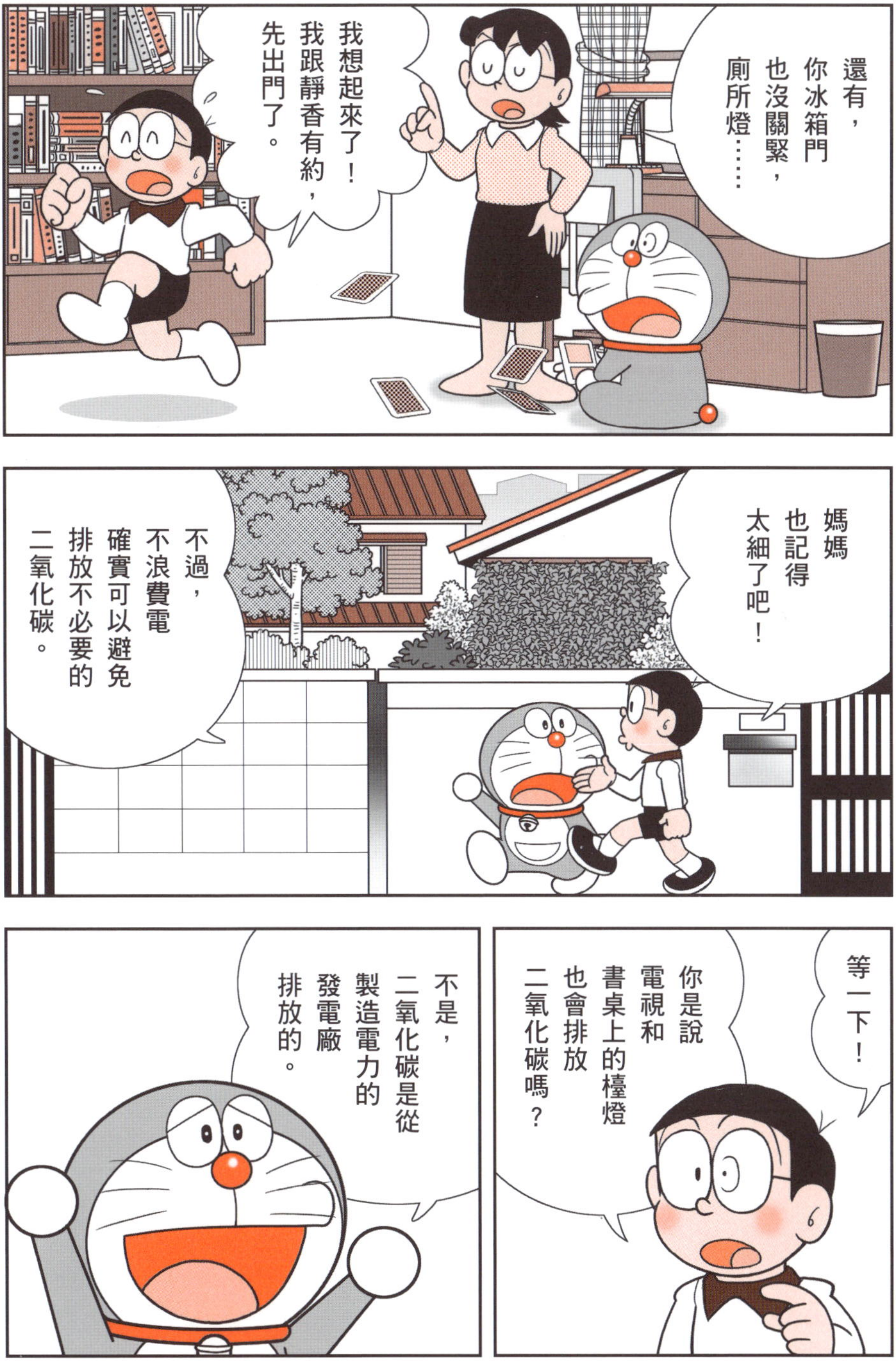
還有，你冰箱門也沒關緊，廁所燈……
我想起來了！我跟靜香有約，先出門了。
媽媽也記得太細了吧！
不過，不浪費電確實可以避免排放不必要的二氧化碳。
等一下！
你是說電視和書桌上的檯燈也會排放二氧化碳嗎？
不是，二氧化碳是從製造電力的發電廠排放的。

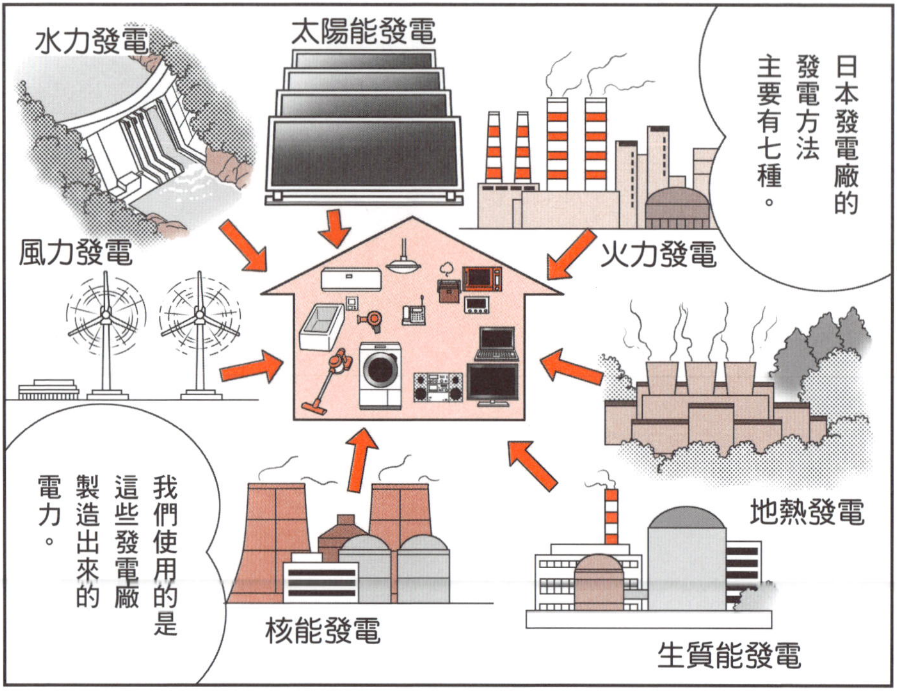
日本發電廠的發電方法主要有七種。
水力發電
太陽能發電
火力發電
風力發電
地熱發電
核能發電
生質能發電
我們使用的是這些發電廠製造出來的電力。

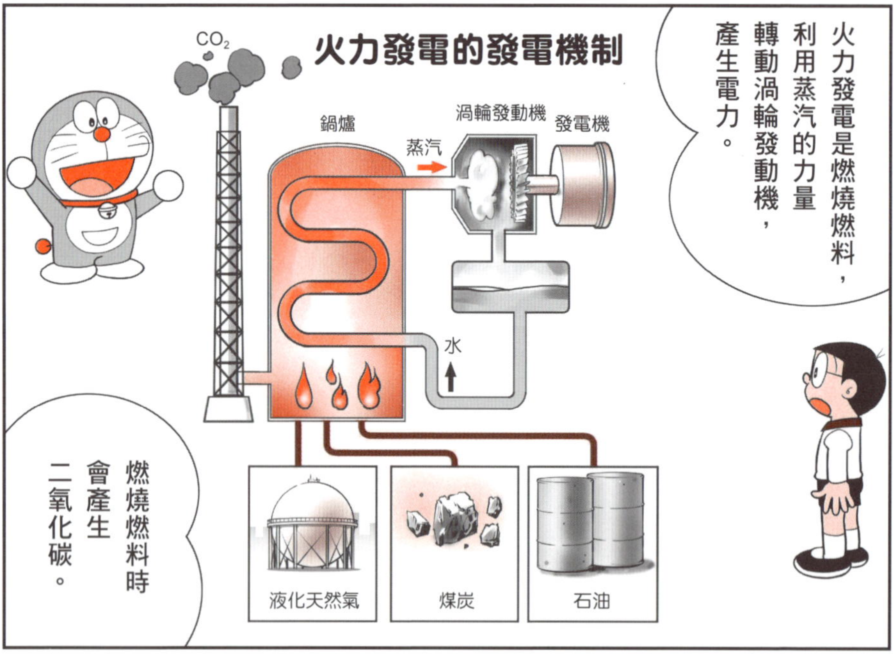
火力發電的發電機制
火力發電是燃燒燃料，利用蒸汽的力量轉動渦輪發動機，產生電力。
CO_2
鍋爐
渦輪發動機
發電機
蒸汽
水
液化天然氣
煤炭
石油
燃燒燃料時會產生二氧化碳。

我聽說太陽能和風力發電不會排放二氧化碳。
那些都是再生能源。不過，再生能源的發電量不夠用。

再生能源的缺點
發電的重點是因應使用量穩定供電。
受到日照時間等自然現象的影響，可能出現電力不足、電力過多等問題，導致供電不穩。
再生能源的優點是不會排放二氧化碳，但如何穩定供電是亟待解決的課題。
設置電廠的興建費用很高。
因此，現階段的主流還是可以穩定供電的火力發電。
日本受到地形影響，可設置發電廠的地點有限。

火力發電的燃料是煤炭，你知道它是如何發電的嗎？
ボッボー
※咘咘
應該是像蒸汽火車，有一根煙囪冒出許多煙吧？
沒錯。不過，使用煤炭的發電廠中，有些利用科學知識，
正在研究不排放二氧化碳的方法。
真的嗎？
燃燒煤炭也不會排放二氧化碳，
要是有這麼厲害的方法，就可以減少二氧化碳了。
大雄！

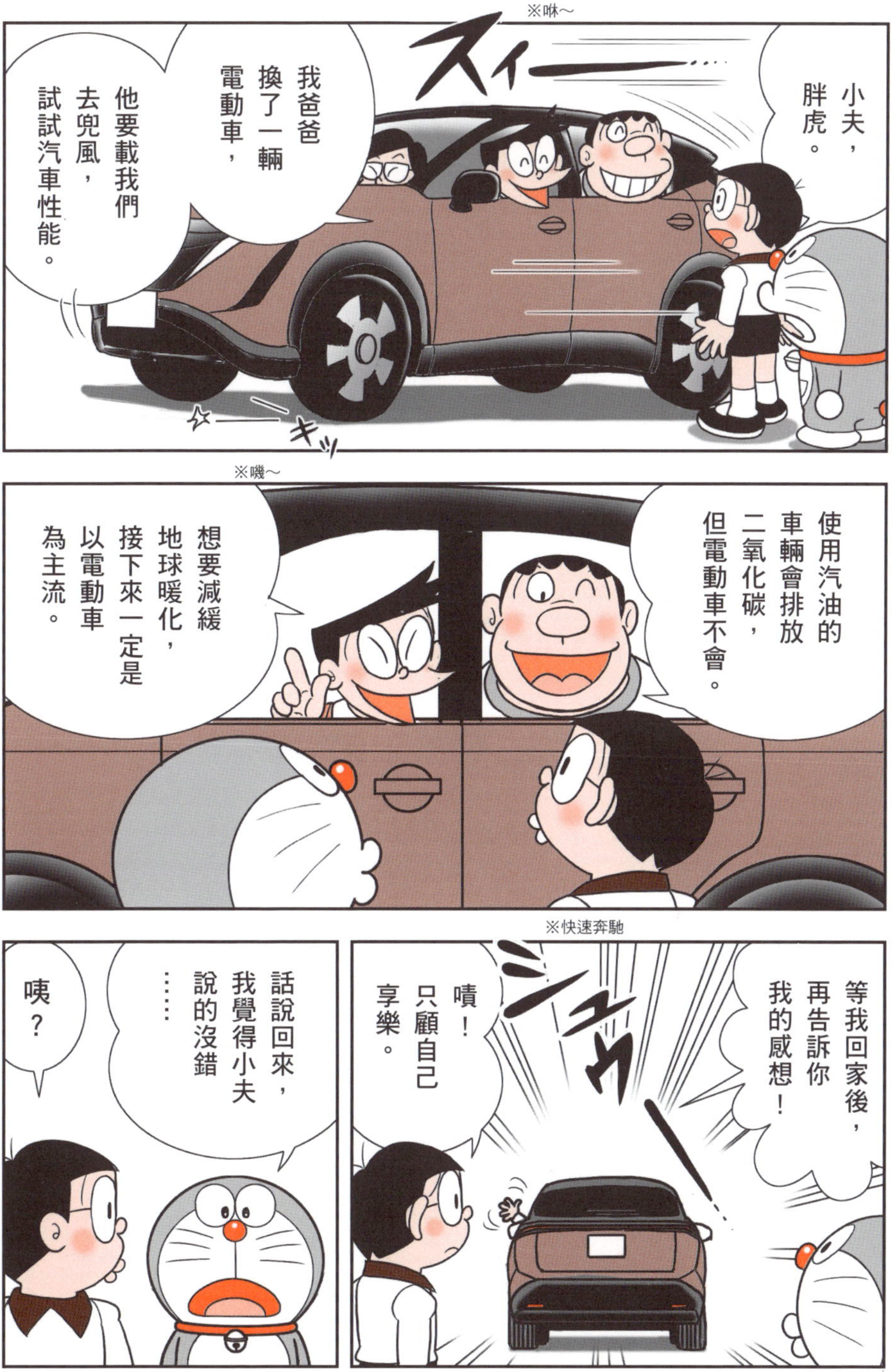
※咻～
スィー
小夫，胖虎。
我爸爸換了一輛電動車，
他要載我們去兜風，試試汽車性能。
キッ
※嘰～
使用汽油的車輛會排放二氧化碳，但電動車不會。
想要減緩地球暖化，接下來一定是以電動車為主流。
※快速奔馳
等我回家後，再告訴你我的感想！
シュウ
嘖！只顧自己享樂。
話說回來，我覺得小夫說的沒錯……
咦？

日本未來的走向就是消除會排放二氧化碳的汽車，推動「脫碳車」。
GS
EV
現在已經知道汽車是大氣汙染和地球暖化的形成原因，脫碳車有助於改善這兩大環境問題。
全世界都有汽車，這項政策可以減少二氧化碳排放量。
為了防止地球暖化，我決定要節省電力，盡一份心力，
小夫的爸爸改開電動車……
還有綠窗簾、庭院種草坪、樹木，設置太陽能板……
這代表大家都很關心地球暖化議題。

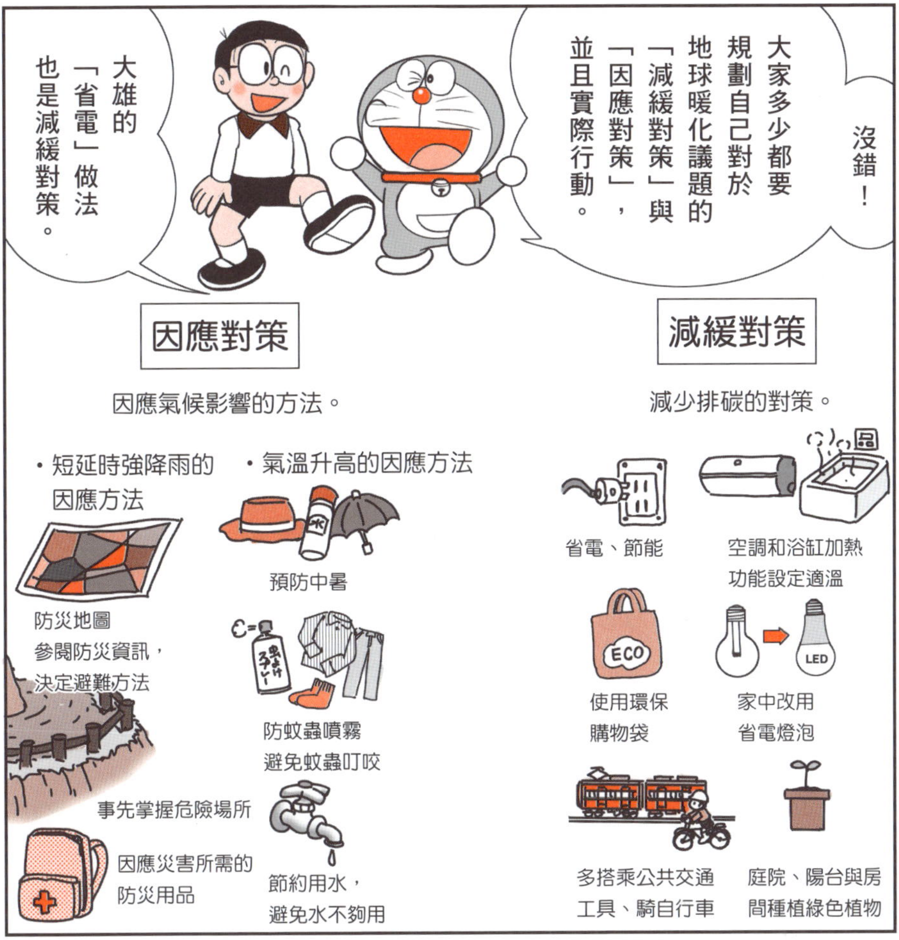
沒錯！
大家多少都要規劃自己對於地球暖化議題的「減緩對策」與「因應對策」，並且實際行動。
大雄的「省電」做法也是減緩對策。
因應對策
因應氣候影響的方法。
・短延時強降雨的因應方法
防災地圖
參閱防災資訊，決定避難方法
事先掌握危險場所
因應災害所需的防災用品
・氣溫升高的因應方法
預防中暑
防蚊蟲噴霧避免蚊蟲叮咬
節約用水，避免水不夠用
減緩對策
減少排碳的對策。
省電、節能
空調和浴缸加熱功能設定適溫
使用環保購物袋
ECO
家中改用省電燈泡
LED
多搭乘公共交通工具、騎自行車
庭院、陽台與房間種植綠色植物

大雄！
野比同學！
是靜香和出木杉同學。

我們要去後山參加植樹活動。
大雄和哆啦A夢也一起來吧！
各位拿到苗木後，在地上挖一個洞種下去！
植樹活動
讓後山成為未來的資產！
這一帶之前才完成植樹活動，
但聽說前陣子的短延時強降雨把苗木都沖走了，損失慘重。
居然發生這種事……
希望這次不會再發生同樣的事情。
哆啦A夢，我記得植物會吸收二氧化碳，對吧？
沒錯，植物作用的結果稱為森林碳匯（綠碳）。

沒錯！
後山可以有效發揮碳中和的效果！
碳中和是什麼？
舉例來說，假設某間工廠一年排放五噸二氧化碳。
CO_2 5t
吸收
排放
±0
CO_2 5t
氧氣
氧氣
氧氣
後山
氧氣
氧氣
工廠
如果有和後山一樣茂密的森林，就能完全吸收五噸的二氧化碳，達到實質零排放的結果……
這就是碳中和。
簡單來說，即使排放二氧化碳，只要有可以吸收的樹木就好，對吧？
沒錯。
當然，不過前提是要減少二氧化碳的排放量。

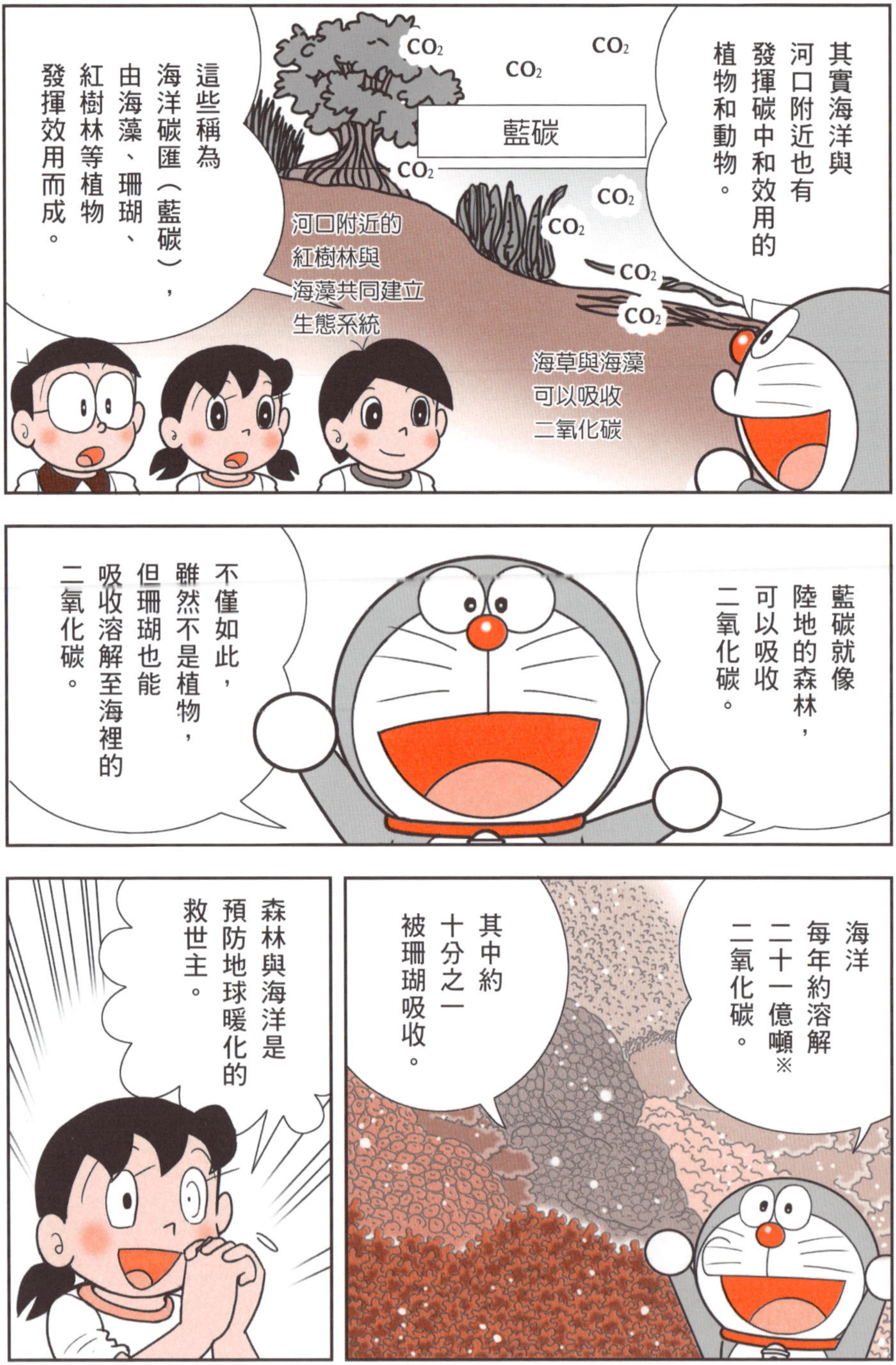
其實海洋與河口附近也有發揮碳中和效用的植物和動物。
藍碳
CO_2
河口附近的紅樹林與海藻共同建立生態系統
海草與海藻可以吸收二氧化碳
這些稱為海洋碳匯（藍碳），由海藻、珊瑚、紅樹林等植物發揮效用而成。
藍碳就像陸地的森林，可以吸收二氧化碳。
不僅如此，雖然不是植物，但珊瑚也能吸收溶解至海裡的二氧化碳。
海洋每年約溶解二十一億噸※二氧化碳。
其中約十分之一被珊瑚吸收。
森林與海洋是預防地球暖化的救世主。

※換算成碳的重量。

正因如此，要達到碳中和目標，
必須打造可以減碳的海洋藍碳和陸地綠碳環境。

為了讓後山持續存在著大面積森林，我們一定要好好保護它們。
有了森林就能建立去碳化社會，也能保護地球，避免暖化危機。

邁向去碳化社會

如第一章所述，工業革命之後，不只是二氧化碳等溫室氣體導致地球暖化，溫室氣體的排放量也越來越多。

然而，現在全世界各個領域都在實際推動**二氧化碳淨零排放**※**的社會**。接下來，就在第二章，一同來學習實現**脫碳社會**的方式。

如今用於發電和運輸的燃料仍以化石燃料為主，因此最重要的第一步就是改變社會的主流能源，採用不會產生溫室氣

日本預計在二〇三〇年，溫室氣體排放量比二〇一三年減少四成六，未來再繼續降至五成。

大家只要節約用電，增加再生能源的使用比例，就能達到減少溫室氣體的成果。

詞語解說　淨零排放

利用森林和海洋的吸收效果，將基於各種原因排放的二氧化碳量減至零。

體、乾淨的再生能源※，藉此減少溫室氣體的排放。

此外，人類的生活也要從現在的「用完就丟」，轉型至「重複利用」的生活型態。日本排放的二氧化碳中，大約百分之十五來自一般家庭。

當然，二氧化碳淨零排放的社會不可能立刻實現，但邁向目標的努力已經可以慢慢看出成效。事實上，日本溫室氣體的排放量從二〇一三年達到高峰之後，正逐年往下降。

日本溫室氣體排放量

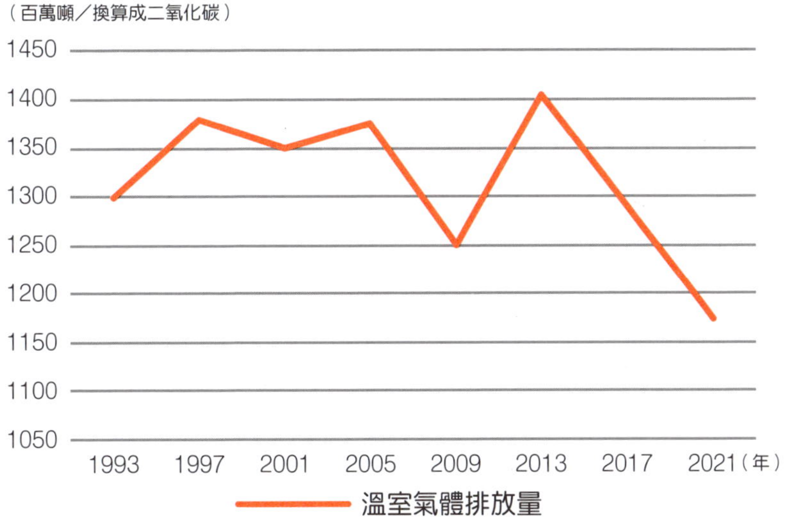
（百萬噸／換算成二氧化碳）
1450
1400
1350
1300
1250
1200
1150
1100
1050
1993
1997
2001
2005
2009
2013
2017
2021（年）
溫室氣體排放量

【出處】編輯部參考日本國立環境研究所資料製成

詞語解說 再生能源

相對於用了就會變少的煤炭、石油、天然氣等化石燃料，可以永續利用的能源稱為再生能源，包括太陽光、風、水流、地熱等。

思考發電方法

加速地球暖化的溫室氣體排放量，約有百分之六十五來自於煤炭、液化天然氣※（LNG）等化石燃料。而且大多數是為了發電才使用這些化石燃料。

日本每年製造的電量約一兆三二七億瓩（二〇二一年）。冰箱是一般家用電器中電力消耗量較大的製品，每天二十四小時持續運作的冰箱，一整年消耗的電量約為三百瓦特，由此可知人類必須製造大量的電力才夠呢。若沒有大量電力，工廠就

日本發電能源的種類和比例（2021年的數據）

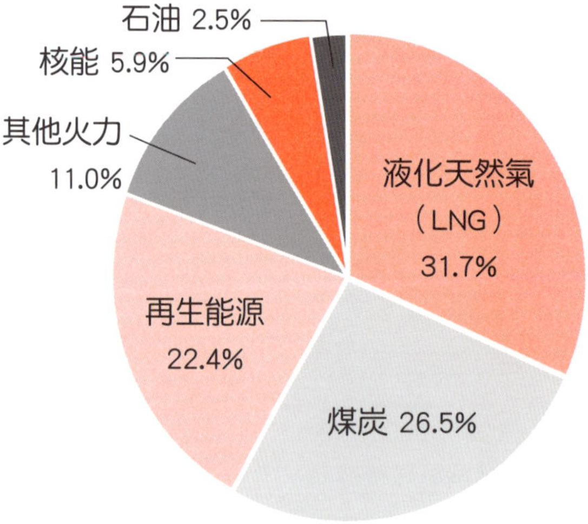

石油 2.5%
核能 5.9%
其他火力 11.0%
液化天然氣（LNG）31.7%
再生能源 22.4%
煤炭 26.5%

現在發電的能源主要依賴液化天然氣和煤炭……

詞語解說 液化天然氣（LNG）

冷卻天然氣成液體的燃料。日本是全球最大的液化天然氣進口國，進口量的63%（2019年）用於發電。

無法生產生活必需品，電車無法運行，一般家庭無法使用空調、冰箱、洗衣機等便利生活必備的電器。

然而，如果像過去一樣持續使用大量化石燃料發電，就會加速地球暖化。誠如第六十五頁所說，再生能源不會排放溫室氣體，增加再生能源的發電量，加上人類用心過著節電的生活，才能真正減少溫室氣體。

日本發電能源使用比例預測（2030年）

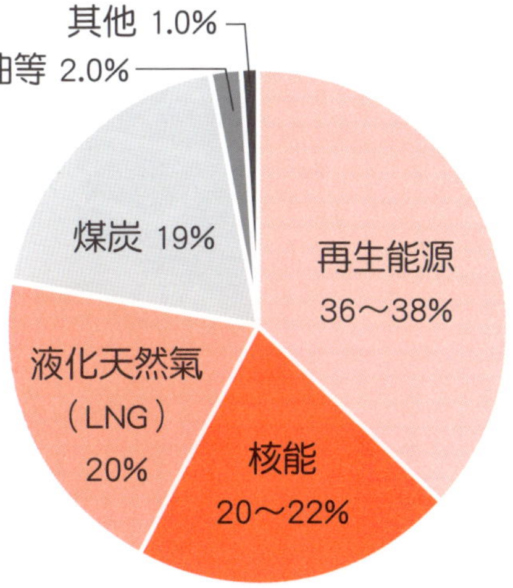

其他 1.0%
石油等 2.0%
煤炭 19%
再生能源 36～38%
液化天然氣（LNG）20%
核能 20～22%

到了二〇三〇年，再生能源的使用比例居冠，有助於減少溫室氣體。

【出處】編輯部參考日本資源能源廳／能源供需實績、2030年度能源供需預測（相關資料）製成

太陽能發電

所有用於發電的再生能源中，最貼近人類的可說是太陽能光電。過去在製造太陽能板的過程中會排放溫室氣體，持續研究後，如今排放的溫室氣體已相當微量。持續研究是很重要的關鍵。

日本的太陽能發電量約八百六十一億瓩（二〇二一年），約占整體再生能源發電量的百分之四十一，發電量最高。預估二〇三〇年將超過一點四倍。

發電規模超過一千瓩的太陽光電系統

太陽能發電（陸上）

發電時不會產生溫室氣體的再生能源成為發電主流。

【參考資料】電力調查統計、關於今後的能源政策／日本資源能源廳・經濟產業省稱為「MW級太陽光電系統」，包括還在規劃階段的設備，日本國內已經超過九千處（二〇二一年）。發電規模一千瓩的MW級太陽光電系統，每年的發電量可供約三百個家庭使用一整年。

不過，興建MW級太陽光電系統需要廣闊的土地，又不能胡亂破壞山林等大自然環境，因此如何確保用地成為建設MW級太陽光電系統的當務之急。

太陽能發電（水上）

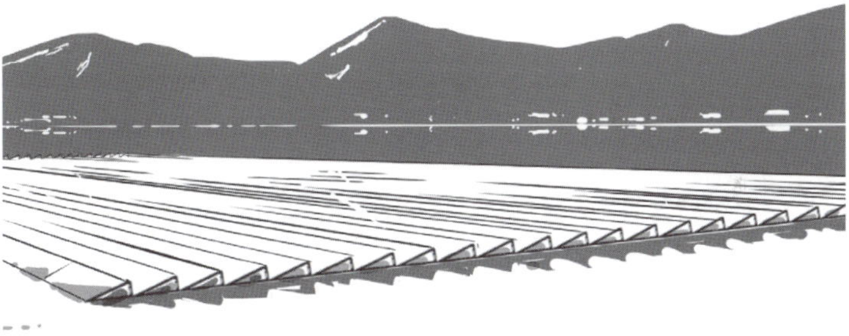

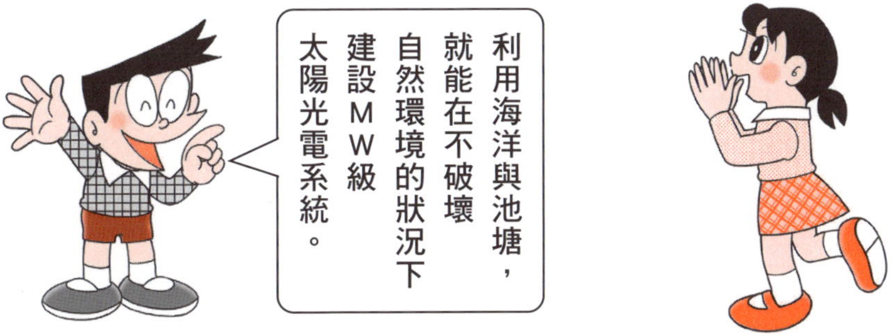
利用海洋與池塘，
就能在不破壞
自然環境的狀況下
建設MW級
太陽光電系統。

水力發電

在日本的所有再生能源中，繼太陽能發電後，發電量第二多的是水力發電。利用水壩將水儲存在高處，再利用水往低處流的水流來轉動發電機的水車，透過這個方式製造電力。

水力發電的發電量約七百七十六億瓩（二〇二一年），約占日本再生能源發電量的百分之三十七。不只是水壩的大規模發電，利用河川、下水道等平緩水流的小規模水力發電之研究和設備興建也慢慢在

水力發電機制範例（調整池式、儲水式）

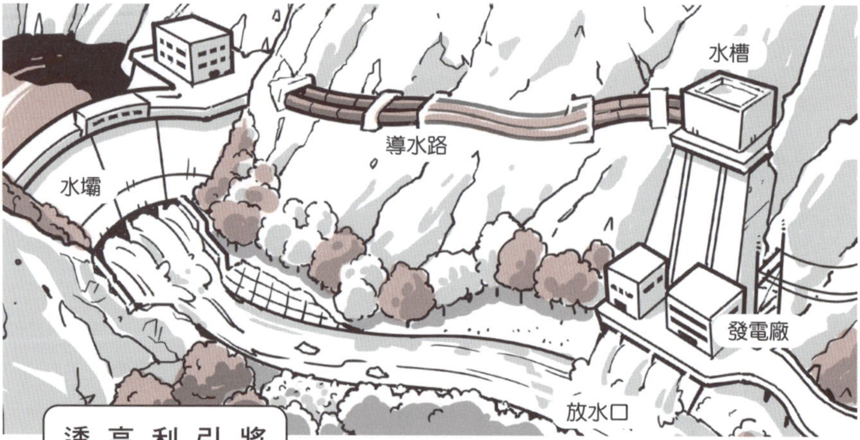
水槽
導水路
水壩
發電廠
放水口

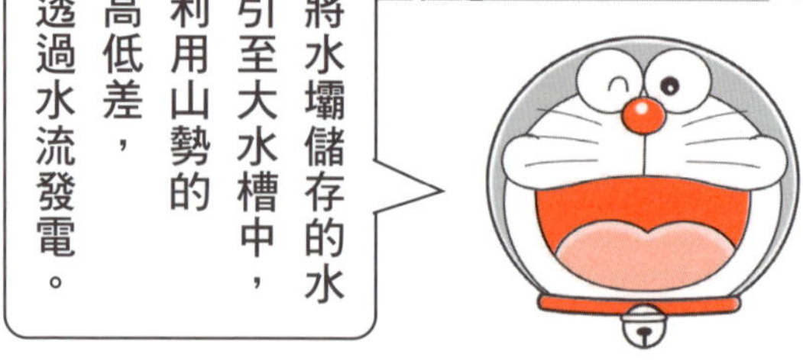
將水壩儲存的水引至大水槽中，利用山勢的高低差，透過水流發電。

【插圖參考】
編輯部參考日本九州電力官網的圖製成

推進中，預估二〇三〇年的發電量可以達九百八十億瓩。

事實上，水力發電並不創新，而是從十九世紀後半就有的傳統發電方式。其特性是不像太陽能發電或風力發電會受天氣影響，可以維持穩定的發電量。

然而，興建大規模發電的水壩需要廣闊的土地，興建金額也非同小可，若要增加往後水力發電的發電量，這是極難解決的課題。由於這個緣故，期待小規模發電的研究可以實現增加水力發電量的目標。

包括化石燃料發電在內，日本的水力發電占總發電量的百分之七點五左右。

加拿大
美國

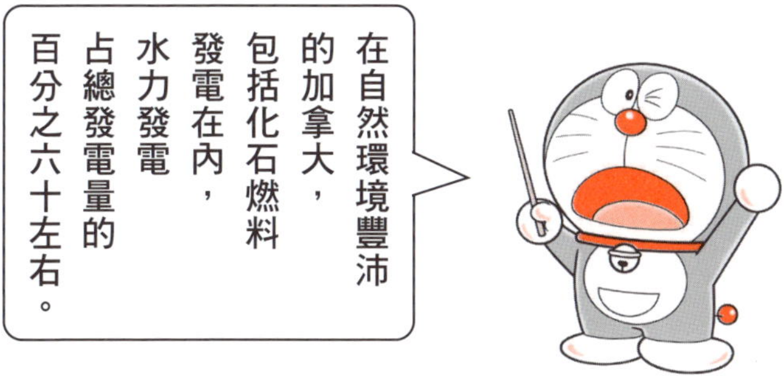
在自然環境豐沛的加拿大，包括化石燃料發電在內，水力發電占總發電量的百分之六十左右。

【參考資料】日本資源能源廳官網／資源能源廳・經濟產業省

其他再生能源

除了前述內容外，還有其他再生能源發電方法。

利用風力轉動風車葉片的發電法稱為**風力發電**。日本風力發電的發電量大約為九十四億瓩（二〇二一年）。除了水力之外，許多國家都會以風力為主要的再生能源。但日本颱風多，擔心強風損壞風力發電機，因此日本的風力發電量很低。最近是往將風力發電機設置在海上的離岸風力發電推進，預估發電量在二〇三〇年將達

離岸風力發電

包括化石燃料發電在內，風力發電的發電量占日本總發電量的百分之零點九（二〇二一年）。
北海道的石狩灣、秋田縣的能代港都設置了大規模離岸風力發電系統。

到五百一十億瓩。

此外，還有利用地底深處岩漿熱能進行的**地熱發電**，以及燃燒源自於動植物的生質物，或由生質物產生的氣體發電的**生質能發電**等。

日本的目標是結合上述方式繼續朝不產生二氧化碳等溫室氣體的發電方法，將目前占總發電量20.3%（二〇二一年）的再生能源發電量，在二〇三〇年提高至36到38%。台灣的再生能源目前占約12%，到二〇三〇年的目標是要提高到30%。

地熱發電

日本有很多火山，這是最適合日本的發電方法。

生質能發電

垃圾
這是利用源自動植物的生質物發電的方法。
可再次利用不要的木材等垃圾，對環境很友善。

新能源車的發展日新月異

二氧化碳是造成地球暖化的主要原因之一，但不是只有製造電力時才會排放二氧化碳。使用汽油和柴油等化石燃料的汽車，以及利用船、飛機等工具的運輸業，都會排放大量二氧化碳。

二〇二一年日本的二氧化碳排放量約十億六千四百萬噸，在運輸上排放的二氧化碳約為一億八千五百萬噸。

其中百分之四十四，約八千一百九十萬噸二氧化碳都是私家車排放的。

油電混合車

混合指的是將不同東西混在一起的意思。顧名思義，油電混合車就是結合汽油和電力驅動的車輛。

對環境友善的車子陸續上市！
GAS

不過，隨著引擎技術提升，使用汽油和電力的油電混合車和純吃電的電動車普及，私家車的二氧化碳排放量逐年減少。二〇〇一年的私家車二氧化碳排放量約為一億兩千五百萬噸，大約二十年就減少了百分之三十四左右的二氧化碳排放量。

以汽油為動力的汽車未來將會越來越少。日本政府的目標是，在二〇三〇年之前，於全國設置十五萬個電動車充電樁。台灣的公共充電樁截至二〇二四年為止約有一萬個，車樁比九點一比一，符合歐盟標準。之後也會以這個比例為目標，逐漸贈加。

氫燃料電池車

利用氫氣與氧氣產生的能源驅動的汽車。

電動車

利用家裡或外面的公共充電樁為電池充電，利用電力驅動的汽車。不會排放二氧化碳，行駛時也比較安靜。

【本文參考】日本國土交通省官網

克服地球暖化的減緩對策與因應對策

包括增加再生能源發電量、越來越多人開電動車，二氧化碳是造成地球暖化的原因之一，人類從各個方面努力減少二氧化碳排放量，成果也慢慢展現。

但是，地球暖化問題是過去將近三百年來逐漸累積而成，只能花時間慢慢的解決。在這個過程中，人類會遇到氣溫超過攝氏四十度的夏季，有些地方會出現大雨和乾旱等自然災害。究竟我們該怎麼做，才能避免地球暖化的危害，守護日常生活

減緩對策

減少產生二氧化碳的原因，採取行動降低二氧化碳排放量。

範例

在家不浪費電。

種植綠色植物、植林。

活用再生能源。

詞語解說 **減緩**
降低風險的嚴峻狀態或激烈程度。

與身體健康？

因應地球暖化的對策有兩大支柱。

第一個是**減緩對策**※，也就是主動採取行動，「減少地球暖化的肇因」。例如不浪費電、愛惜物品等，每個人在自己做得到的範圍內提醒自己，並且努力執行。

另一個則是**因應對策（調適）**※，做好一切準備，「因應日益嚴峻的地球暖化帶來的影響」。預防中暑、防範暴雨災害就是不可或缺的措施。

因應對策

保護大自然、調整生活型態，降低承受的負面影響。

範例

避免蚊蟲叮咬，預防傳染病。

做好暴雨、天災等防災準備。

熱天穿著可預防中暑的衣物，隨時補充水分！

詞語解說 因應

配合外在環境採取行動、改變觀念。

什麼是碳中和？

誠如第四十二頁所述，綠色植物具有吸收二氧化碳的作用。

利用此特性，增加森林與海洋的二氧化碳吸收量，同時減少溫室氣體排放量，讓地球上的溫室氣體達到「淨零排放」目標，稱為**碳中和**※。

假設有某間工廠每年產生一噸二氧化碳，此工廠若能種植約七十棵杉木，一年就能吸收一噸二氧化碳，讓二氧化碳剩餘量為零。簡單來說，就算排放二氧化碳，

這就是碳中和！

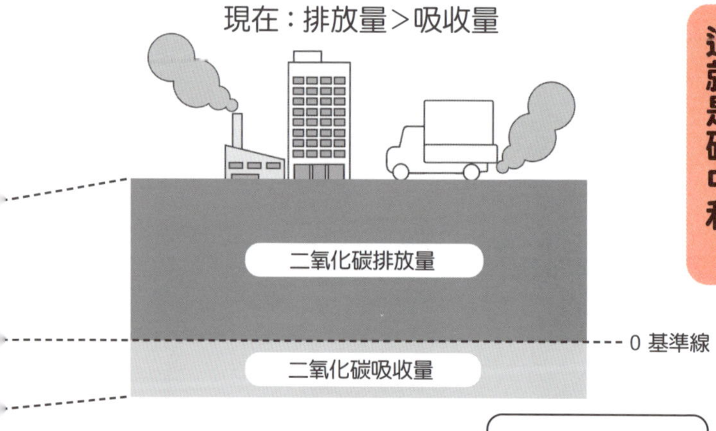

現在：排放量＞吸收量
二氧化碳排放量
0 基準線
二氧化碳吸收量

二氧化碳排放量大於吸收量，而且高出許多……

詞語解說 碳中和

這裡說的「碳」就是指二氧化碳，中和是兩相互抵後處於中間值的意思。當二氧化碳的排放與吸收達到平衡即為正負零，此概念稱為碳中和。

也能透過植物吸收達到「淨零排放」。

這是既可以減緩又能解決地球暖化的務實做法，全球超過一百二十個國家和地區都在努力推動，並以二〇五〇年「淨零排放」為目標。最終目的是與工業革命前相較，地球平均氣溫的上升幅度壓至攝氏二度以下，最低標準為不超過一點五度，恢復宜居又安全的地球！

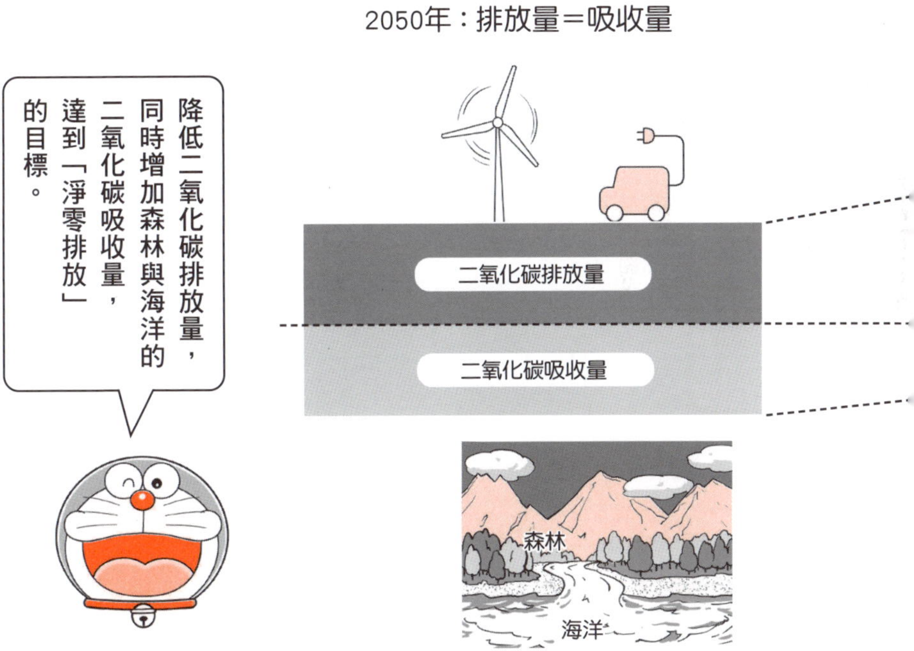
2050年：排放量＝吸收量
降低二氧化碳排放量，同時增加森林與海洋的二氧化碳吸收量，達到「淨零排放」的目標。
二氧化碳排放量
二氧化碳吸收量
森林
海洋

【插圖】編輯部參考「去碳化入口網站／日本環境省」資料編纂製成

什麼是藍碳？

海洋也是實現碳中和的一大功臣。棲息在海裡和海洋附近的多樣生物吸收的二氧化碳，與沉積在海底的二氧化碳，稱為藍碳。以日本為例，研究報告顯示，生長於鹿兒島縣和沖繩縣河海交會處的紅樹林，一年可以吸收兩千三百萬噸二氧化碳（二〇二三年）。

以藍碳型態吸收的二氧化碳中，約四成是由大葉藻與紅纖維蝦海藻等海草、昆布、裙帶菜吸收的。此外，珊瑚也成為近

紅樹林

攝影／OKUYAMA HISASHI

地球表面的70%是海洋，每年可吸收21億噸二氧化碳。
藍碳是達成碳中和目標的關鍵。

【參考資料】「海洋的二氧化碳吸收量（全球）／日本氣象廳」

來備受矚目的藍碳吸收源。

第一章說明過，如果要由森林花一年的時間吸收一噸二氧化碳，只需要七十棵杉木即可。然而，要種植七十棵杉木，至少要三百五十平方公尺的遼闊土地。另一方面，珊瑚礁吸收一噸二氧化碳，僅需要二十五平方公尺的桌形軸孔珊瑚。而且隨著珊瑚成長，二氧化碳的吸收量也會不斷增加。

全球的珊瑚礁有約三分之一面臨滅絕危機。
關於珊瑚礁的詳細說明，請參閱第一七九頁。

照片提供／上田正人

【參考資料】「關於藍碳（2023年7月）／日本環境省」、「脫碳化讓所有人展露笑顏！／上田正人」

挑戰小測驗

各位現在應該都了解怎麼做才能實現去碳化社會。接下透過五個問題來複習一下吧！
從提示的選項中選出正確答案。

1 再生能源中，發電比率占整體發電量百分之四十一（二〇二一年）且發電量最高的方法是哪個？

Ⓐ 太陽能發電

Ⓑ 水力發電

Ⓒ 風力發電

2 利用氫氣和氧氣產生的化學反應製造驅動電力的汽車是以下哪一種？

Ⓐ 油電混合車

Ⓑ 氫燃料電池車

Ⓒ 汽油車

等我長大可以開車時，我也要開這種車！

3 為了因應日益嚴重的地球暖化對人類的影響，夏天穿著可預防中暑的衣物，避免蚊蟲叮咬，預防傳染病的措施稱為什麼？

Ⓐ 減緩對策

Ⓑ 因應對策

4 想吸收一噸二氧化碳，二十五平方公尺就能達成的是哪一個？

Ⓐ 沙漠

Ⓑ 杉木林

Ⓒ 珊瑚礁

5 增加森林與海洋的二氧化碳吸收量，同時減少溫室氣體的排放量，讓地球上的溫室氣體達到「淨零排放」的目標稱為什麼？

Ⓐ MW級太陽光電系統

Ⓑ 聖嬰現象

Ⓒ 碳中和

再看一次第二章就知道所有問題的答案喔！
小測驗的答案和解說，請參照第一八三至一八四頁。

什麼是垃圾問題？

ガミガミガミガミ
你們看！神成先生在罵胖虎和小夫耶。
可燃垃圾
發生什麼事了？
我常看到你們在這個空地玩，你們是他們的同學吧？
你們看看！吃完的垃圾都不收！
我昨天花了一整天，好不容易到傍晚才收拾乾淨。

※斥責訓話

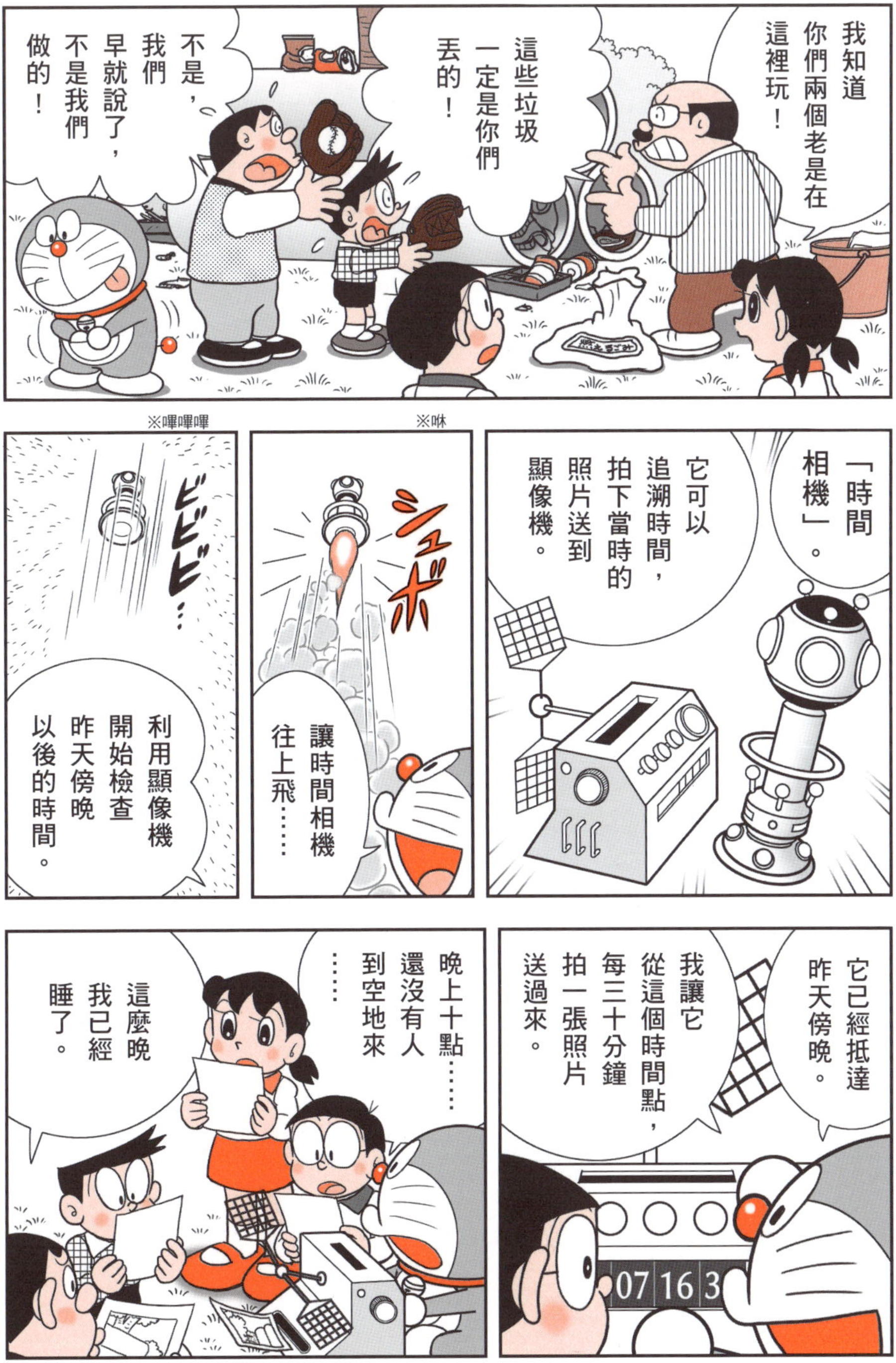
我知道你們兩個老是在這裡玩！
這些垃圾一定是你們丟的！
不是，我們早就說了，不是我們做的！
「時間相機」。
它可以追溯時間，拍下當時的照片送到顯像機。
※咻
シュボ
讓時間相機往上飛……
※嗶嗶嗶
ビビビ…
利用顯像機開始檢查昨天傍晚以後的時間。
它已經抵達昨天傍晚。
我讓它從這個時間點，每三十分鐘拍一張照片送過來。
07 16 3
晚上十點……還沒有人到空地來……
這麼晚我已經睡了。

有了！半夜一點有人在這裡吃吃喝喝。
就是這些人！
XXXX・XX・08・01・00
啊！!!
我認識他們！
我會去他們家說他們一頓。
很抱歉懷疑你們，請原諒我。
呃……沒事……
還我們清白就好。
……
……
ガサ
カラン

※窸窸窣窣

神成先生，我們也來幫忙！
哎呀，謝謝！
謝謝幫忙。
可燃
可燃垃圾
可燃

等等！
你們平時在家丟垃圾都不分類的嗎？
可燃垃圾
不能把所有垃圾都丟進垃圾袋。
這樣啊……
不可燃垃圾
我們鎮上的垃圾大致分成四種。
可燃垃圾
不可燃垃圾
資源垃圾
大型垃圾
可燃垃圾
不可燃垃圾
必須依照垃圾種類放進不同袋子裡丟棄。
※ 以上為範例。
神成先生！這裡有人丟棄汽車輪胎……
汽車輪胎根本不能丟在這裡，
到底是誰亂丟垃圾……

我記得大型垃圾必須先聯絡清潔隊，讓清潔人員帶走。
沒錯，這是規定。

一般垃圾，可以在規定時間拿出來丟。
但輪胎不可以當成一般垃圾。

必須付錢讓業者回收處理。
原來如此！一般人不能丟棄輪胎啊！

公共用地	私有地
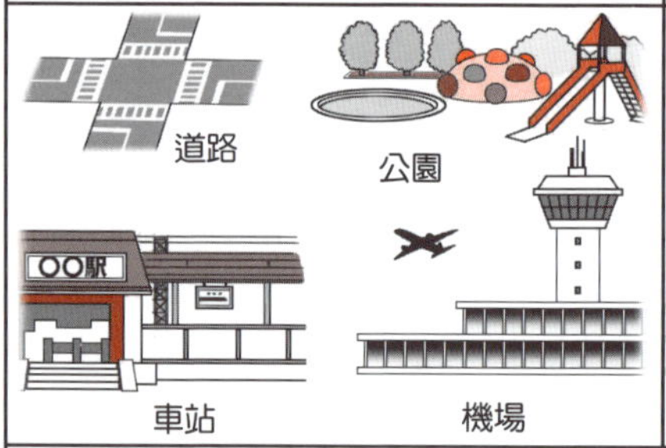 道路 公園 車站 機場 OO駅	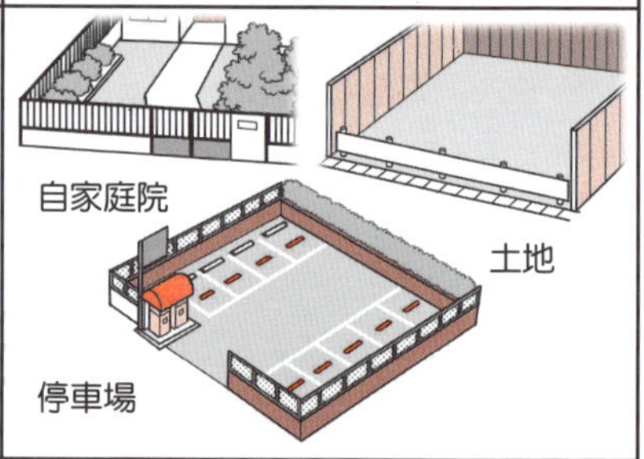 自家庭院 土地 停車場

【注意】發現遭到違法丟棄的垃圾時，千萬不要碰觸移動，應立刻告訴大人！

當公共場所（道路、公園等）遭到違法丟棄廢棄物，請立刻通報當地政府或鄉鎮市公所。	當私人用地（個人持有的土地）遭到違法丟棄廢棄物，請立刻報警，通報地方政府；如是危險廢棄物，請通報地方環保局。

我想起來了，之前到後山參加植林活動時，我也看到大型垃圾被丟棄在那裡。
日本各地都能看到違法丟棄的廢棄物。
為了杜絕違法丟棄廢棄物，一定要做好防範措施。
設置鐵網或圍牆。
定期割草，整理空地，營造這裡有人出入管理的印象。
貼上標語或設置看板。
違法丟棄 禁止！
此處有監視攝影機
這片空地有鎮上居民巡邏整理，平時都很整潔乾淨。
要是閒置垃圾沒人清理，別人就會以為這裡可以亂丟垃圾。
垃圾放久了還會發出惡臭，引發火災，導致土壤汙染和水質汙染等環境問題。

說到這個，我記得我和胖虎坐爸爸的車去兜風時，
也看到有人從車裡丟垃圾出來。
亂丟垃圾很可能導致後方車輛發生車禍，真是不可原諒！
這些人到底知不知道亂丟垃圾是違法行為啊？
不只造成他人困擾，
還會引發環境問題，真希望他們能想到這一點。
真是令人憤慨！
謝謝你們幫忙。
垃圾袋就放在這裡。
出木杉！
靜香！

我要去河岸清理活動當志工。
聽說河岸邊也被違法丟棄垃圾。
ドド〜ン
※砰砰
尤其是舉辦活動過後，活動場地都會留下大量垃圾。
煙火大會
賞花
假日的烤肉活動
我經常參加河岸清理活動當志工。
在活動中，我看到海洋生物遭到垃圾殘害的影片，覺得很震撼，也很難過。

當有人將垃圾或廢棄物丟在山林或河川地區，只要沒人清理，這些廢棄物就會從河川流入大海，成為海洋垃圾。
在山林亂丟垃圾
在露營地亂丟垃圾
在路上亂丟垃圾
在河川地區亂丟垃圾
在海岸亂丟垃圾
變成海洋垃圾……
我希望盡自己的一份心力，避免海洋生物受苦。
我們也一起去清理河岸吧！
好——!!
「更衣照相機」。
大家換上不怕弄髒的衣服吧！
哇！垃圾也太多了吧！
垃圾量比想像的還多！
垃圾
其他
寶特瓶
※喀嚓、換裝
カシャ
パッ

在這麼多垃圾中，塑膠垃圾的問題特別受到重視。
尤其是塑膠微粒的汙染問題。
塑膠微粒是不是像小型玩具那樣？
才不是呢！沒有確實回收的部分塑膠廢棄物流入大海，
破裂成細小碎片，在紫外線長期照射下形成小於一到五毫米的細微垃圾，
這就是塑膠微粒。
塑膠微粒很難處理的原因在於它太小了，不易回收。
由於這個緣故，在海裡的塑膠微粒會被海洋生物吃進肚子裡，殘留在體內。

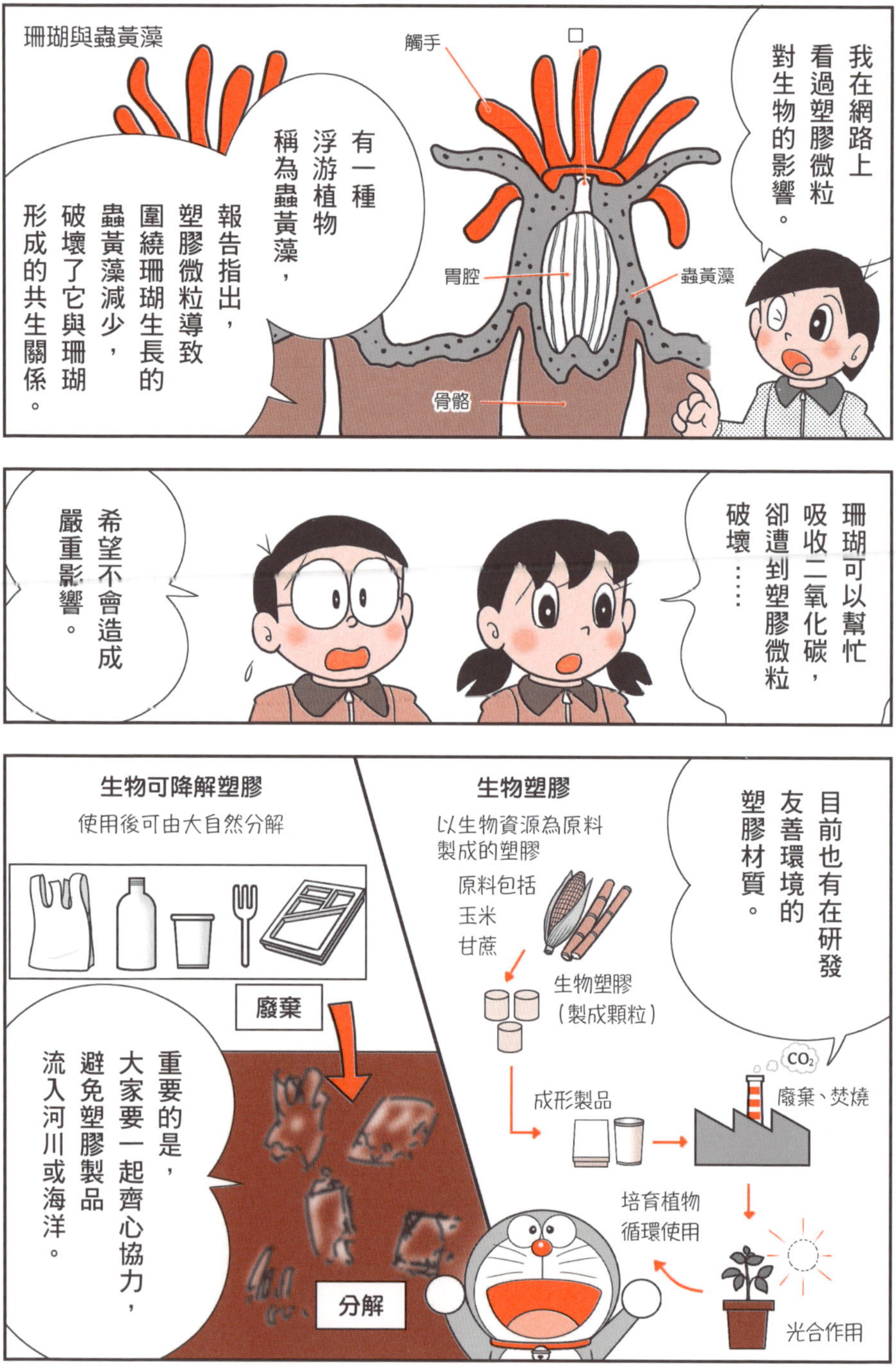
我在網路上看過塑膠微粒對生物的影響。
珊瑚與蟲黃藻
觸手
口
胃腔
蟲黃藻
骨骼
有一種浮游植物稱為蟲黃藻，
報告指出，塑膠微粒導致圍繞珊瑚生長的蟲黃藻減少，破壞了它與珊瑚形成的共生關係。
珊瑚可以幫忙吸收二氧化碳，卻遭到塑膠微粒破壞……
希望不會造成嚴重影響。
目前也有在研發友善環境的塑膠材質。
生物塑膠
以生物資源為原料製成的塑膠
原料包括玉米甘蔗
生物塑膠（製成顆粒）
成形製品
CO_2
廢棄、焚燒
光合作用
培育植物循環使用
生物可降解塑膠
使用後可由大自然分解
廢棄
分解
重要的是，大家要一起齊心協力，避免塑膠製品流入河川或海洋。

※蟲黃藻：與珊瑚共生的一種浮游植物。

只有人類才會製造垃圾，卻讓那些不會製造垃圾的生物受害。
真希望對地球友善的研究開發可以持續下去。
可燃垃圾
地球上的生物都在問人類：
你們要如何處理垃圾問題呢？
圾
垃圾

垃圾造成的環境問題

這一章大家一起來思考垃圾對環境造成的影響吧！

可以燃燒的垃圾稱為可燃垃圾。從家庭、學校和公司行號丟棄的可燃垃圾，由鄉鎮市各地的垃圾車收取，然後載到焚化爐燒成灰，運到掩埋場掩埋。

日本一年製造的可燃垃圾量超過三萬噸（二〇一九年），燃燒這麼大量的可燃垃圾，就會排放包括二氧化碳在內的溫室氣體，造成地球暖化。這是第一個問題。

日本垃圾的總排出量（左邊刻度）與
每位日本人每天排出的垃圾量（右邊刻度）

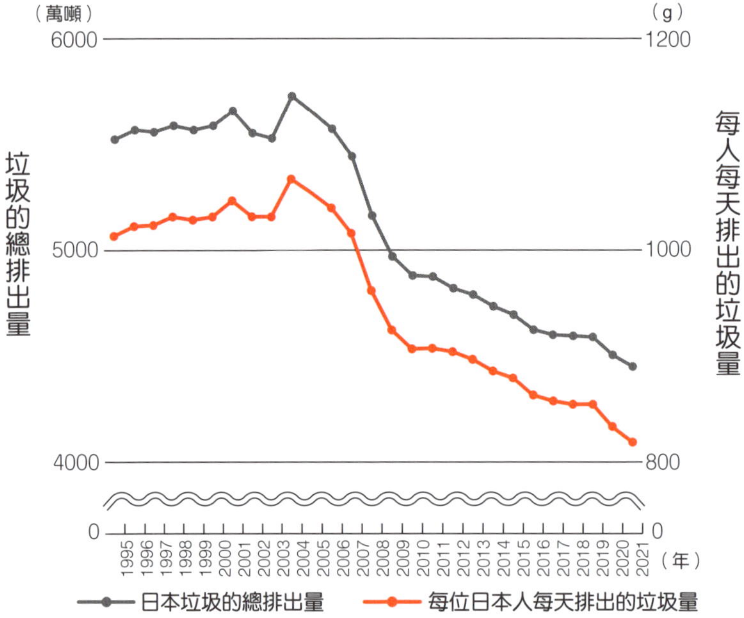

【出處】編輯部參考「一般廢棄物處理事業實態調查結果／日本環境廳」資料製成圖表

此外，燃燒垃圾剩下的灰燼全都囤積在垃圾掩埋場，而部分不能燃燒的不可燃垃圾也埋在垃圾掩埋場。若不改變現狀，可能二十年後垃圾掩埋場就會堆滿灰燼與垃圾。現在很難找到新的地點設置垃圾掩埋場，這是第二個問題。

為了解決上述問題，我們應該盡可能減少垃圾，學習新的方法，回收再利用過去當成垃圾丟棄的物品。從下一頁開始，一起來學習更多關於垃圾的知識吧。

根據最新的計算結果，每位日本人每天排出的垃圾量為八百八十公克。
垃圾量從二〇〇四年達到高峰後就持續下降……
我們還要繼續努力減少更多垃圾！

了解垃圾！

垃圾可以大致分成**可燃垃圾**（可以燃燒的垃圾）、**不可燃垃圾**（不可以燃燒的垃圾）、**資源垃圾**（可以回收成為資源的垃圾），以及**大型垃圾**（家具等體積較大的垃圾）。

可燃垃圾包括布料、弄髒的紙類等，可以透過燃燒方式處理的垃圾。不可燃垃圾包括不能燃燒的垃圾，以及燃燒會有危險的垃圾。丟垃圾的人要負責區分這種兩種垃圾，方便清潔人員收集載運。順帶一

四種垃圾※

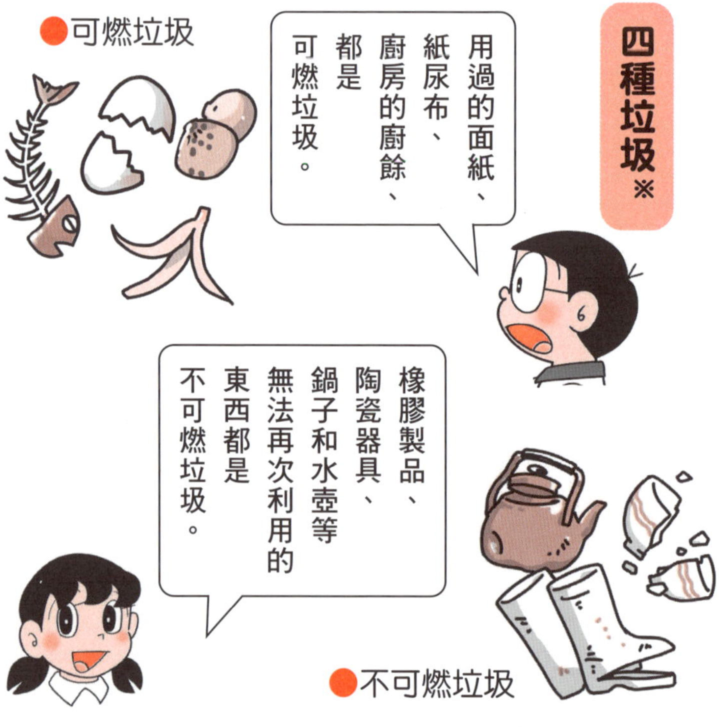
用過的面紙、紙尿布、廚房的廚餘、都是可燃垃圾。
可燃垃圾
橡膠製品、陶瓷器具、鍋子和水壺等無法再次利用的東西都是不可燃垃圾。
不可燃垃圾

提，按照種類區分垃圾的行為稱為「垃圾分類」。

各位要記住，金屬、玻璃製品、用過的紙張、塑膠製品等，稱為資源垃圾。這些不是垃圾，是可以回收再利用的資源。各地區的垃圾分類法和回收方法會有些不同，通常鐵罐、鋁罐、寶特瓶也是分類回收的資源垃圾。資源垃圾可分解成原料，製造出其他製品，不應該被掩埋。簡單來說，只要做好分類，這些資源就不會變成垃圾。另一方面，大型垃圾又分成木頭、玻璃與金屬，其中一部分是資源垃圾。做好分類是減少垃圾的最大功臣。

●資源垃圾

鐵罐、鋁罐、寶特瓶、報紙等可以重複利用的資源就是資源垃圾。

●大型垃圾

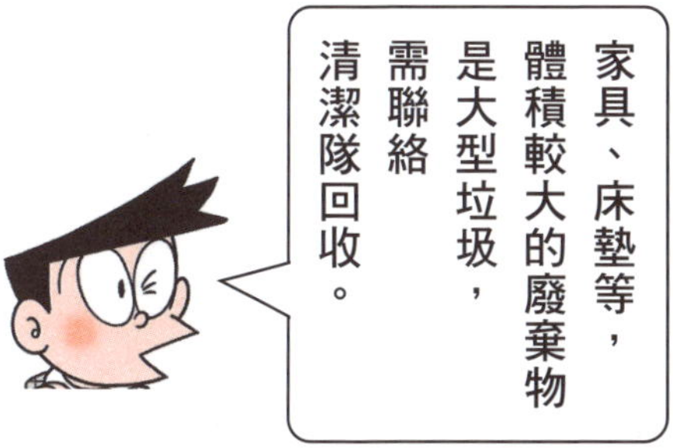
家具、床墊等，體積較大的廢棄物是大型垃圾，需聯絡清潔隊回收。

※各地的垃圾分類規定都有不同，請事先確認。

全球的垃圾問題

和地球暖化一樣，垃圾造成的環境問題已成為全世界的課題。工業革命後，世界各國急速排放包括二氧化碳在內的溫室氣體（請參閱第四十頁）。世界各國的垃圾也在工業革命後，隨著全球人口增加而暴增。

除了前頁解說的垃圾之外，還有工廠排放的汙水、汙油、汙泥，燃燒物體產生的灰燼，動物遺骸等，這些必須處理的東西統稱為廢棄物※。

全球廢棄物產生量的未來預測

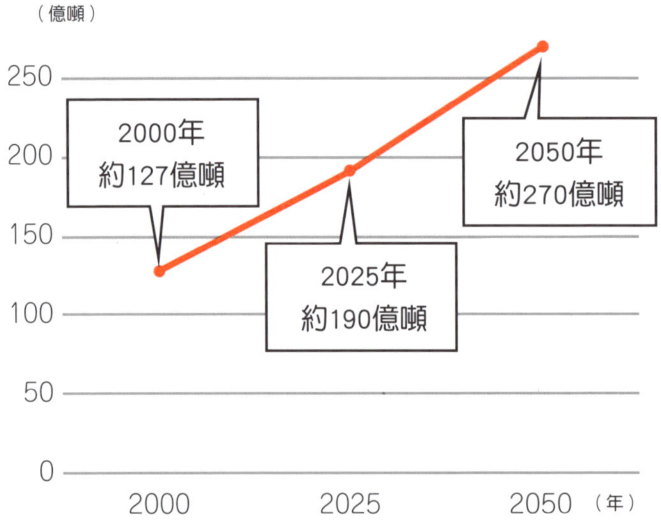

（億噸）
250
200
150
100
50
0
2000年
約127億噸
2025年
約190億噸
2050年
約270億噸
2000
2025
2050
（年）

【出處】編輯部參考日本環境省官網／全球廢棄物產生量的未來預測（吉澤佐江子、田中勝、Ashok V.Shekdar《全球廢棄物產生量的推估與未來預測相關研究》）資料製成圖表全球每年約可產出一百二十七億噸的廢棄物（二〇〇〇年）。這個數字太大，各位可能難以想像。舉例來說，東京晴空塔重約四萬噸，全球每年產生的廢棄物大約是三十一萬七千五百個東京晴空塔。各位不妨想像一下，每年全世界都有這麼多廢棄物持續產生。

問題在於要處理如此大量的廢棄物，全球就會產生大量溫室氣體，加速地球暖化。不僅如此，燃燒、掩埋或是丟棄廢棄物，都會造成全球人類與動植物生活環境的嚴重惡化。

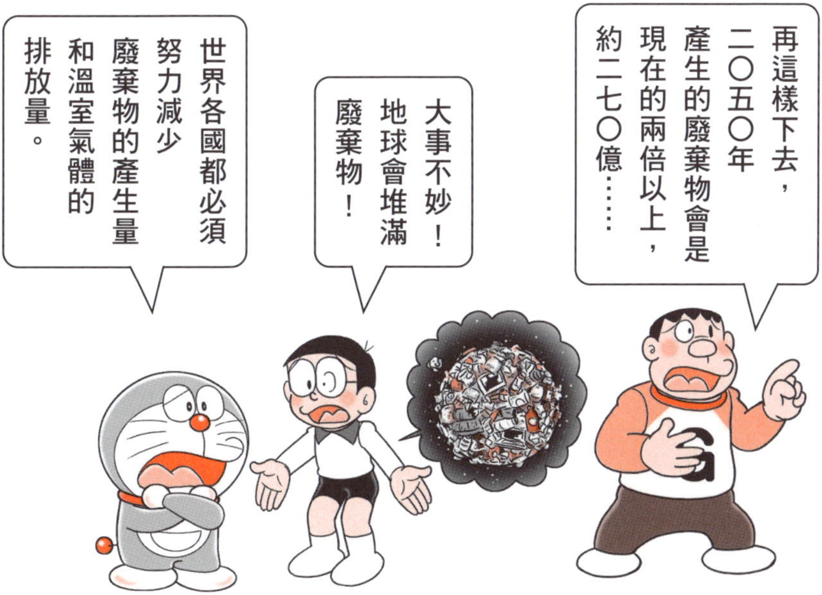
再這樣下去，二〇五〇年產生的廢棄物會是現在的兩倍以上，約二七〇億……
大事不妙！地球會堆滿廢棄物！
世界各國都必須努力減少廢棄物的產生量和溫室氣體的排放量。

詞語解說 廢棄物
伴隨日常生活與工業生產所產出的沒有用處的東西。垃圾也是廢棄物的一種，廢棄物包含垃圾在內，還有其他沒有用處的東西。

森林與垃圾問題

森林和林地也面臨垃圾問題。其中之一是人們開車將家庭垃圾、舊電器等，偷偷載到山裡亂丟。這個行為稱為「**非法棄置**」。

當來自工廠、建築工地的廢棄物大量廢棄在山林，有害物質便會滲入該處的土地和地下水，垃圾產生的惡臭也會危害健康，許多人因此受害。處理非法棄置的廢棄物，需要花費許多金錢，因此這是絕對必須杜絕的犯罪行為。

非法棄置範例

北海道釧路管內厚岸町的國有林，發現了一百多隻蝦夷鹿屍體。蝦夷鹿不是周邊地帶可以捕獲的野生動物，專家認為這是有人從其他地方運過來棄置的，而且已經丟了好幾年。

（二〇二二年五月十六日）

北海道居民也大聲怒吼：「山林不是垃圾場！」

此外，絕對不能隨意將沒吃完的便當丟在山林或公園。垃圾不僅會破壞美麗景觀，沒吃完的食物殘渣會吸引猴子或熊來吃，牠們一旦記住人類食物的味道，就會產生野生動物闖入人類生活環境的風險。

為了得到人類的食物，野生動物會開始攻擊人類，到人類居住的地方，吃農家種的水果蔬菜，這類狀況越來越頻繁。當野生動物發現可以用這個方式取得食物，就會捨棄原有的野生生活。這對人類和野生動物而言，都是一場悲劇。保全森林環境是維持人類與野生動物良好關係的重要關鍵。

野生動物在城鎮出沒傷害居民的範例

根據統計，二〇二三年度日本十九個道府縣，遭到熊襲擊受傷的人數達兩百一十九人（其中六人死亡），創下新高紀錄。

（日本環境省與熊有關的各種情報和措施／二〇二三年度熊引起的人身傷害件數「速報值」）

我聽說森林裡的橡實越來越少，危及野生動物的性命。
光是最近，野生動物出沒城鎮使人受傷的案件越來越多。

海洋與垃圾問題

大海裡的垃圾稱為**海洋垃圾**（海洋廢棄物），大致分成以下三種：**漂流垃圾**、**海底垃圾**、**海灘垃圾**。

漂流垃圾指的是從河川、海岸流入海洋，漂浮在海面或海裡的廢棄物。若廢棄物沉入海底，則成為海底垃圾。比起植物等來自大自然的物體，這兩種垃圾大多是塑膠袋、保麗龍、空罐、空瓶、寶特瓶等人造物。

簡單來說，汙染海洋的是人類，亂丟

海洋垃圾的種類

漂流垃圾
隨著海潮漂流或被風吹，在海面或海裡漂浮的廢棄物。大多是生活垃圾。

海灘垃圾
被沖上海岸的廢棄物。大多是樹木與海藻，但其中混雜著捕魚工具和生活垃圾。

海底垃圾
沉入海底的垃圾。除了捕魚工具和空瓶等重物外，塑膠袋也會沉入海底。

【出處】編輯部參考日本環境省官網「ecojin」資料製作插圖

垃圾、沒有公德心的行為影響最大。將垃圾丟進家附近的河川，垃圾很可能順著河流進入最近的海洋，最後隨著海潮漂流或被風吹而帶到很遠的海域。這類垃圾有時還會影響船隻安全。

海灘垃圾指的是被沖上海岸的廢棄物。根據二〇一九年在日本十處海岸的調查，有七處海岸的海灘垃圾，人工製品多過於自然物。人工製造的海灘垃圾包括漁網、寶特瓶等，其中四處海岸的寶特瓶，有超過六成是從國外漂流至日本的。

海洋垃圾的主要問題點

- 對海洋生物的生態系統※產生負面影響。
- 影響漁夫們的工作，也會阻礙船隻運行的安全。
- 破壞濱海居民的生活環境。
- 破壞景觀，危害觀光業。

【參考資料】日本環境省／2019年度海洋垃圾調查結果

再這樣下去，大約五十年後，海裡的垃圾會比魚還多。

詞語解說 生態系統

所有生物與其他生物相互依存，一起生活的狀態下所形成的環境系統。當某種生物減少或增加，就會打破整體生態的平衡。

塑膠是海洋垃圾的主角？

無論是陸地或海洋，垃圾問題的核心課題都是塑膠。塑膠的主原料是石油，屬於人造製品，可以做出各種外形，廣泛運用於生活中的各種用品，餐具、文具、玩具、智慧型手機都能看到含有塑膠材質。

雖然塑膠材質很好用，但非法棄置的塑膠垃圾很難處理。天然物體容易分解，但塑膠材質難以分解。最終，無論經過多長時間，塑膠垃圾都會以當初被丟棄的模樣留在該處。

海灘垃圾的種類比例

	重量	容積※	數量
自然物	58.0%	41.3%	15.9%
塑膠	23.3%	48.4%	65.8%
木材	12.8%	7.0%	7.3%
金屬	0.4%	0.6%	4.0%
玻璃、陶瓷類	0.6%	0.2%	2.8%
布	0.2%	0.1%	0.8%
其他人工製品	4.7%	2.4%	3.1%

※保麗龍碎屑等細微垃圾未列入「數量」中，因此「數量」總計非 100%。

【出處】編輯部從日本環境省／海洋垃圾的最近動向（2018年9月）擷取數據，製成表格。

詞語解說 容積

物體的「大小」，此處與體積同義。

一般生活中可以透過垃圾分類，好好的處理「塑膠垃圾」。遺憾的是，沒有分類和經過適當處理的塑膠垃圾大多流入河裡，最後進入大海。事實上，主要的海洋垃圾就是「沒有好好分類和處理」的塑膠製品。

右下方表格是二〇一六年，日本在十處海洋進行的海灘垃圾比例調查。結果發現以垃圾重量來說，自然物為第一名；塑膠垃圾的容積和數量居冠，以垃圾數量而言，塑膠垃圾的比例最高。塑膠垃圾對海洋生物的實際危害，請參閱下一頁說明。

塑膠製品是海洋垃圾問題的核心，減少使用塑膠成為目前全世界的主流觀點。
有些國家還立法禁止使用塑膠吸管、塑膠餐具和棉花棒。
為了減少塑膠袋使用量，日本從二〇二〇年夏天，規定超商不可提供免費塑膠袋，消費者須付費購買。

※台灣是從二〇〇二年即開始此項措施。

塑膠垃圾危及動物

二〇一九年十一月，一隻抹香鯨在英國蘇格蘭的海灘上擱淺死亡，專家解剖屍體後，從胃部找到超過一百公斤的塑膠等人造廢棄物，數量之多震驚世界。

事實上，過去海洋垃圾造成的影響包含危害鯨豚、魚類、海鳥、海龜等，大約有七百種海洋生物的性命安全。從新聞上經常可見海洋生物因此受傷，甚至死亡的消息。其中百分之九十二都是未經適當的回收處理，人類非法棄置的塑膠垃圾流入

分解海洋塑膠垃圾需要的時間

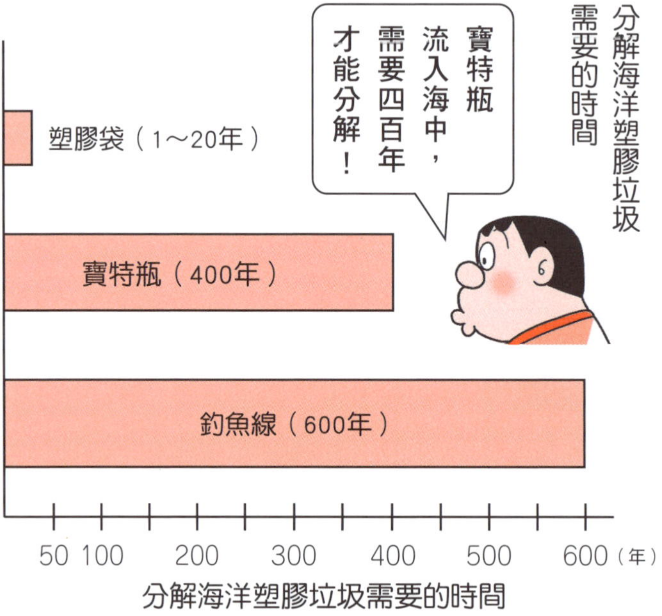
寶特瓶流入海中，需要四百年才能分解！
塑膠袋（1～20年）
寶特瓶（400年）
釣魚線（600年）
50 100 200 300 400 500 600（年）
分解海洋塑膠垃圾需要的時間

【出處】編輯部參考NOAA／Woods Hole Sea Grant（WWF JAPAN官網「關於海洋塑膠問題」）刊載數據製成圖表

海洋所致。

全世界每年流入海洋的塑膠垃圾，高達八百萬噸且持續增加中。

塑膠垃圾在太陽光的紫外線照射下，會碎裂成五毫米以下的塑膠微粒。塑膠微粒在海裡漂浮，就會直接被魚類和貝類吞下肚，不僅危害其性命，還可能破壞海洋生態系統。

而且，魚類和貝類是我們生活中常見的食物，吃下肚後對人類健康造成的影響也不容小覷。

全世界海洋約有兩億噸的塑膠垃圾。
而且每年還會增加大約八百萬噸塑膠垃圾！
世界各國必須努力減少塑膠垃圾才行！

【參考資料】日經電子版（2019年12月31日）、日本環境省／2020年版環境・循環型社會・生物多樣性白皮書、WWF JAPAN官網「關於海洋塑膠問題」

日本的塑膠垃圾對策

面對目前的困境，日本政府提出各種政策因應，其中之一是二〇一九年制定的「海洋塑膠垃圾對策行動計畫」。海洋塑膠垃圾引發的環境問題，是全世界都要及早因應的課題，日本領先世界提倡下列措施，並在國內外執行。最重要的是，如何在使用塑膠製品的情況下，避免塑膠垃圾流入海洋。

塑膠是現代社會不可或缺的材質，即使想辦法減少使用量，也不可能完全不使

海洋塑膠垃圾對策行動計畫措施（部分內容）

● 回收農業和漁業產生的塑膠垃圾並妥善處理。

● 自動販賣機旁設置專門回收寶特瓶的回收桶。

詞語解說 志工

志願工作者的簡稱，意指自願參與社會工作、不要求金錢報酬的活動。

用。「海洋塑膠垃圾對策行動計畫」的大致內容包括進一步加強回收塑膠垃圾與海灘垃圾，開發友善環境的塑膠材質，對於未妥善管理垃圾的國家提供援助等。

這個行動計畫中也有歡迎民眾加入的志工※專案。致力於管理和分類垃圾，實現「沒有新汙染的世界」，必須仰賴各位的行動力。

●研究開發即使流入海洋，對於環境影響也較小的材質。

在日本以居民和企業為主，回收河川與海灘垃圾的淨灘活動，已經有超過兩百五十萬人參與喔！（二〇一九年）

【參考資料】日本環境省官網／海洋塑膠垃圾對策執行計畫概要

邁向塑膠新時代！

塑膠已經是主要的海洋垃圾，從另一個角度看待這個問題，就會發現塑膠其實是全世界最常用的製品，也是生活和產業不可或缺的重要材質。

既然如此，誠如前一頁提及的「海洋塑膠垃圾對策行動計畫」，如果能利用新技術研發出「友善環境的新塑膠」，取代引發環境問題的傳統塑膠，一定可以創造龐大利益。目前各界正積極研發足以取代傳統塑膠的可分解新塑膠，以及開發和利

使用不同材質取代傳統塑膠製品，研究容易分解的生物塑膠。

左邊兩個是生物塑膠原料

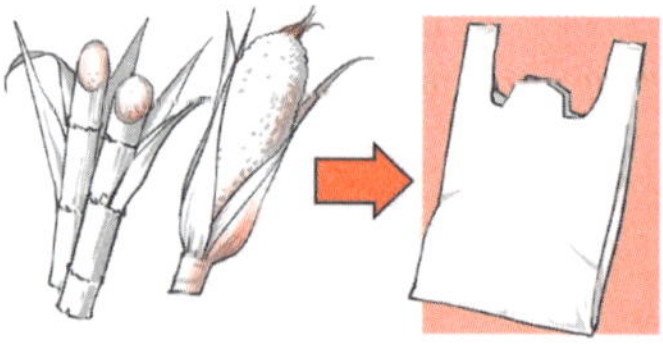

●生物塑膠

從甘蔗和玉米等植物，製作出可以重複使用的環保原料，並以此製成塑膠，用於製造塑膠袋、食物容器等。

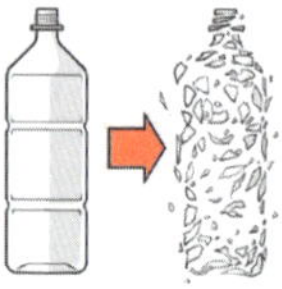

●生物可降解塑膠

利用微生物的力量，最終分解成二氧化碳和水的塑膠材質。

用塑膠替代品的商品。詳情可參考下方圖文說明。

若進一步推動上述新塑膠與替代品的開發和利用，讓世界各國捨棄傳統塑膠，不僅能改善海洋垃圾問題，也能緩解地球暖化問題，成為拯救陸地與海洋生態系統的原動力。

雖然要花時間普及，但一定能讓世界往好的方向一步步往前走。

以塑膠替代品製成的製品範例

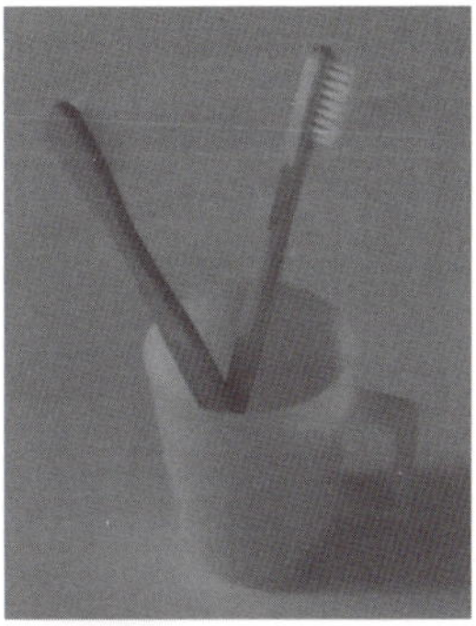

● 木牙刷

● 紙吸管

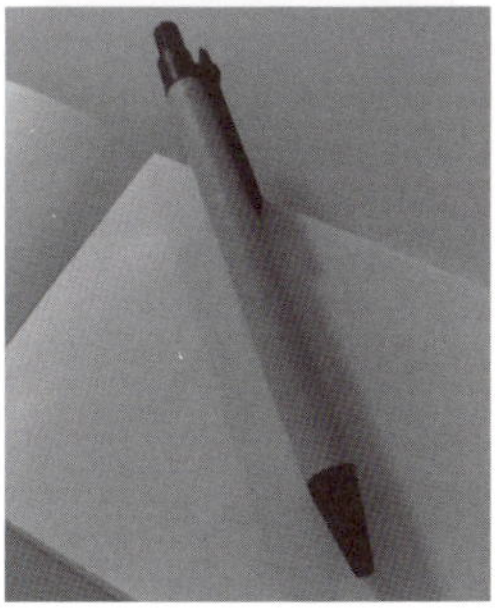

● 紙製原子筆

現在，有越來越多生活用品，以木材或紙張取代現有的塑膠材質。

挑戰小測驗

根據第三章學習到的知識，回答以下五個問題。請從Ⓐ～Ⓒ三個選項中選出正確答案。

1 **依照空罐、寶特瓶、報紙等類別回收，用以製成其他製品的，稱為什麼垃圾？**

Ⓐ 不可燃垃圾

Ⓑ 資源垃圾

Ⓒ 大型垃圾

2 **以下哪個可以當成可燃垃圾丟棄？**

Ⓐ 面紙

Ⓑ 用完的電池

Ⓒ 陶碗

這個問題不管選哪個答案都是正確的吧！

才沒這回事！三個選項中，有的垃圾拿去燒會出事的！

3 **海洋垃圾中，從海洋往陸地沖刷，最後留在海岸，破壞濱海居民生活環境的稱為哪種垃圾？**

Ⓐ 海底垃圾
Ⓑ 漂流垃圾
Ⓒ 海灘垃圾

4 **全世界每年從陸地流入海洋的塑膠垃圾量約為幾噸？**

Ⓐ 八萬噸
Ⓑ 八十萬噸
Ⓒ 八百萬噸

5 **所有棲息於陸地或海洋的各種不同生物，與其他生物相互依存，維持各物種平衡，得以永續生活的樣貌和環境稱為什麼？**

Ⓐ 生態系
Ⓑ 太陽系
Ⓒ 銀河系

這一章我們學會了某種生物減少或增加，就會打破生物整體平衡的知識。

小測驗答案和詳細解說，請參照第一八五至一八六頁。

什麼是循環型社會？

我回來了！
媽媽，你在做什麼？
你回來啦！
我在整理不穿和穿不下的衣服，準備拿去賣。
大雄，你也整理一些不看的書、漫畫和玩具，把房間整理得乾淨一點。

媽媽說的對，書櫃和玩具收納箱都放滿了，
得好好整理一下才行。
這款玩具很受歡迎耶！
這個我還要！
說要整理書本和玩具，結果完全沒丟啊！
可是……我捨不得丟嘛！
我就知道會這樣。
我知道你是很珍惜這些東西，
不過，既然你們正在學習環境問題，就絕對不能忘記「環保3R」！
3R？
那是什麼？

3R是指英語的Reduce、Reuse和Recycle，首字母的三個R。
減少使用
Reduce
物盡其用
Reuse
循環回收
Recycle

環保3R的目的是減少垃圾、減少能源的使用。

循環回收	物盡其用	減少使用
做好垃圾分類，重複利用資源。 （例）以回收寶特瓶為原料，製作衣服。	不丟掉還能用的東西，重複使用到不能用為止。 （例）修理壞掉的玩具，繼續使用。	愛惜物品，盡可能減少垃圾量。 （例）使用環保購物袋。

原來如此，直接丟掉變成垃圾就會拿去焚燒，排放二氧化碳。
利用環保3R減少垃圾量，就能減少二氧化碳排放量。

這個已經不會動的玩具汽車要怎麼辦？
你依照環保3R的概念想一下。
玩具汽車修理後還能用，應該物盡其用？
可是我沒錢修理。
我記得出木杉同學曾說過想要這款玩具汽車的零件。
對耶，他說要把汽車拆開，做成其他車輛來玩。
把這台車拿給出木杉，對你們兩個來說，可說是雙贏。
你找到了最好的解決方法呢。
了解環保3R的概念，整理時就能找出最好的解決方法。

過去的社會一直是「大量生產」、「大量消費」、「大量棄置」各種商品，
垃圾山
長期下來的惡性循環導致現在的環境問題。

環保3R的目標就是擺脫惡性循環，保護地球環境。
我聽說現在各國都積極以環保3R為核心，打造「循環型社會」。

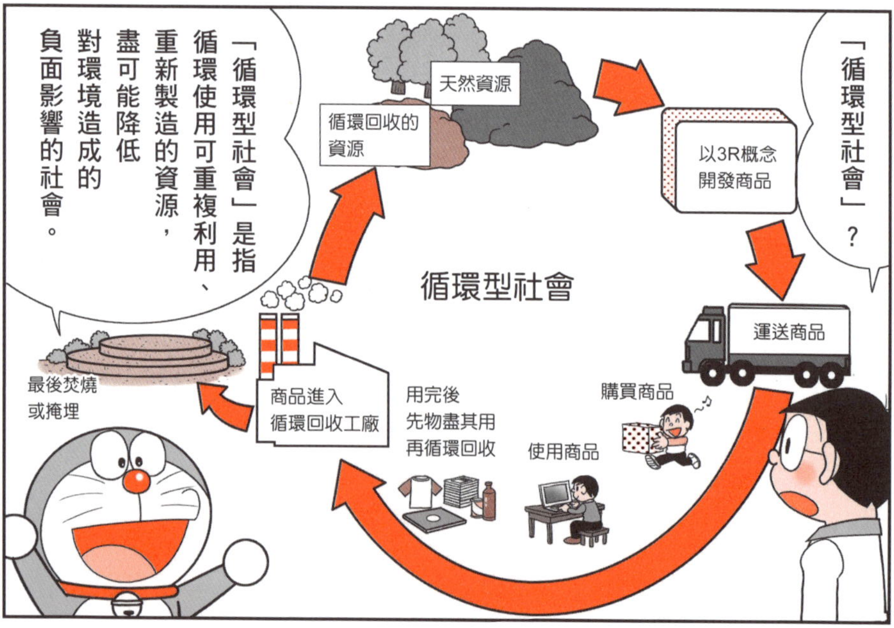
「循環型社會」？
「循環型社會」是指循環使用可重複利用、重新製造的資源，盡可能降低對環境造成的負面影響的社會。
天然資源
以3R概念開發商品
運送商品
購買商品
使用商品
用完後先物盡其用再循環回收
商品進入循環回收工廠
最後焚燒或掩埋
循環回收的資源
循環型社會

垃圾分類也是打造循環型社會的措施之一，以重複利用資源為目的。
寶特瓶、空瓶、空罐
紙類、紙箱、布類
不可燃垃圾
可燃垃圾
大型垃圾
塑膠垃圾
需要特別分類的垃圾
其他塑膠垃圾

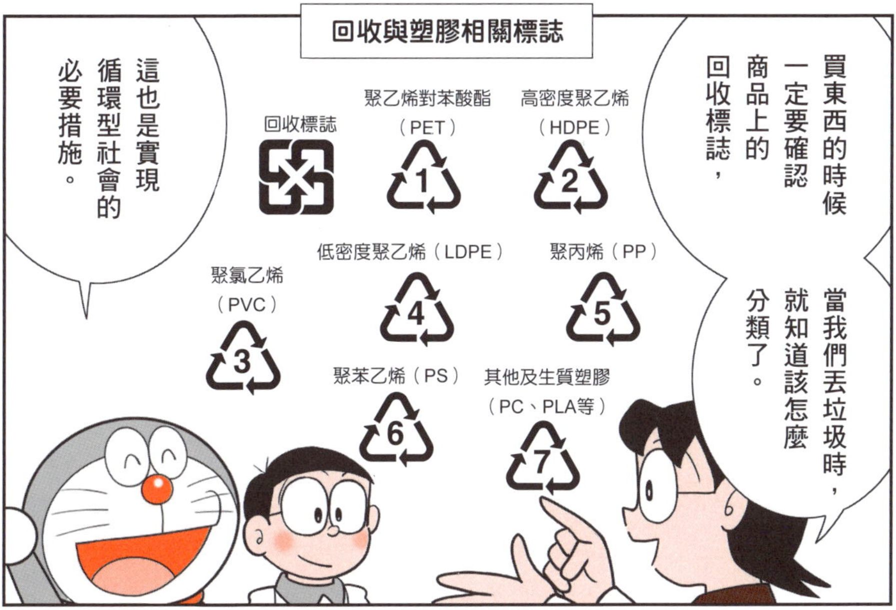
回收與塑膠相關標誌
買東西的時候一定要確認商品上的回收標誌，
當我們丟垃圾時，就知道該怎麼分類了。
這也是實現循環型社會的必要措施。
回收標誌
聚乙烯對苯酸酯（PET）
1
高密度聚乙烯（HDPE）
2
聚氯乙烯（PVC）
3
低密度聚乙烯（LDPE）
4
聚丙烯（PP）
5
聚苯乙烯（PS）
6
其他及生質塑膠（PC、PLA等）
7

鐵罐
鐵罐
汽車零件
建築材料
寶特瓶
寶特瓶
地毯
衣服
玻璃製品、玻璃瓶
玻璃製品、玻璃瓶
隔熱材料
磁磚
紙類
圖書書
衛生紙
紙箱
徹底做好垃圾分類與回收，讓資源垃圾循環回收再利用，成為新的資源。

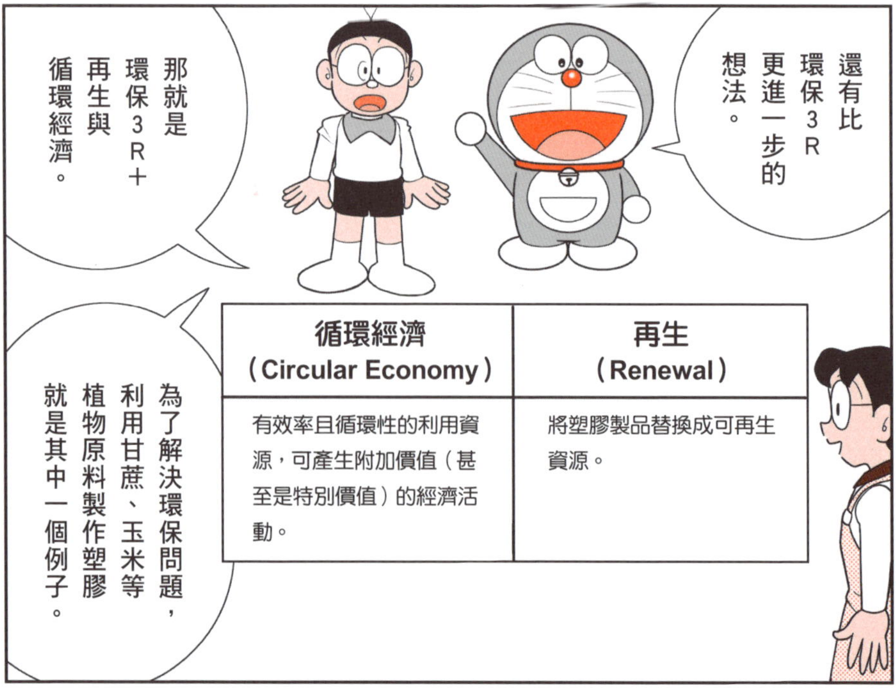
還有比環保3R更進一步的想法。
那就是環保3R＋再生與循環經濟。
為了解決環保問題，利用甘蔗、玉米等植物原料製作塑膠就是其中一個例子。

循環經濟（Circular Economy）	再生（Renewal）
有效率且循環性的利用資源，可產生附加價值（甚至是特別價值）的經濟活動。	將塑膠製品替換成可再生資源。

可以確定的是對於環境問題的處理方式日新月異，一直在進步。
一般家庭可以做到的環境對策雖然都很小，
但媽媽相信只要大家團結努力，就能形成一股很大的力量。
太好了！整理完畢！
辛苦了！
先休息一下吧！
今天的點心好好吃！
這個點心應該很貴吧？
在哪裡買的？
其實啊，今天的點心與「糧食浪費」有關喔！

「糧食浪費」？
對了，上次靜香他們來的時候，媽媽也有提到糧食浪費。
你們聽過「減少食物浪費店家」嗎？
那是什麼？
「減少食物浪費店家」是從即將報廢的食品和飲料中，選出可以安心食用的商品來販售的商店。
原來還有這樣的店啊！
不僅如此，店家還會舉辦「食物轉運站」公益活動，讓一般人捐贈家裡多出來的食物。
將食物捐出來，就能減少家庭中的「糧食浪費」。
食物轉運站
將多出來的食物贈送給學校和公家機關。
食物銀行
將收集的食物送給需要的人。
企業
超級市場
家庭
農家
食品製造業者
福利設施
兒童餐廳
育幼院
賑災
身障者機構

將原本還能吃的食物丟掉就是糧食浪費，
這個行為也會對地球環境帶來負面影響。
糧食浪費與地球環境有什麼關係呢？
全世界糧食浪費的總量高達九億三千一百萬噸。
9億3100萬噸
日本為五百二十三萬噸。
523萬噸
其中家庭造成的糧食浪費量為兩百四十四萬噸。
244萬噸
大約一半來自於家庭。
有這麼多啊？
※以上為2021年度的數據。

【出處】UNEP Food Waste Index Report 2021（UNEP）、日本食物浪費發生量之預估值（2021年／日本環境省）

回想一下，垃圾焚燒後有什麼結果？
原來如此！家庭垃圾也會排放二氧化碳！
沒錯！可燃垃圾越多，就會導致一定程度的地球暖化。
想要盡可能減少家庭垃圾，
我們一家四口必須齊心協力。
一般家庭可以做到的垃圾減量
・購物時不索取塑膠袋
・隨身攜帶環保購物袋
・隨身攜帶水瓶、準備環保杯
・將食物吃光光
・瀝乾廚餘水分
・不過度購物
・不買拋棄式商品
・修改或轉送二手衣
・善用多餘食材
・買菜前先決定好要做的料理……等
沒問題，包在我身上！
對了！
說要減少垃圾，我卻忘了把舊紙類拿出來。
ダッ
※跑

ガサゴソッ
※翻找
把這個跟舊報紙一起拿去回收……
大雄！你手上的紙拿給我看！
ドキッ
※驚
ガミガミ
ガミガミ
ガミガミ
※大罵特罵
如果把考卷拿出來多複習幾次，「物盡其用」該有多好。

Reduce 措施

各位聽過「循環型社會」嗎？雖然這個名詞有點難懂，但基本上指的是減少垃圾、再次利用不要的物品，守護地球環境的社會。

實現循環型社會的第一步是「Reduce（減少使用）」。盡可能不讓物品變成垃圾，從源頭杜絕垃圾的生成。

之前的社會一直是「大量生產、大量消費、大量廢棄」，隨心所欲的使用地球資源，生產大量商品，用完後立刻丟掉。

我們也能做到的減少使用範例

上網搜尋使用說明書

現在許多電器、電腦和智慧型手機都將使用說明書公布在網站上，消費者可隨時查詢。不出紙本說明書，就能節省資源。

企業也以節省資源和延長商品的使用壽命為目標，努力推動各種措施。

不印紙本食譜，透過手機或平板電腦查閱，就能減少垃圾。

然而，地球資源有限，垃圾量也多到無法處理。話說回來，怎麼做才能減少物品和垃圾量呢？

以目前實行的措施為例，過去超級市場和便利商店都會免費提供消費者塑膠袋裝購買的商品，如今政府鼓勵大家自備購物袋，店家不再免費提供，消費者如果需要塑膠袋需付費購買，以這個方式減少用完就丟的塑膠袋生產量。如此一來就能減少物品和垃圾量。各位能夠做的事情還有很多，請務必實際付諸行動。

壽命更長的LED燈泡

降低生產成本後，每個人都買得起LED燈泡。而且LED燈泡可以用更久，延長商品成為垃圾的使用週期。

環保購物袋、隨身攜帶水瓶

購物時一定要帶環保購物袋。上班、上學時使用自己的水瓶，就能減少使用寶特瓶的機率。

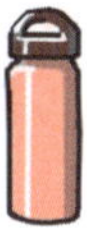

選擇有補充包的商品

洗衣精、洗髮精等商品，請選擇推出補充包的廠牌。

利用共享系統※

不購買使用次數較少的物品或工具，改以租借或善用共享系統。

需要時，任何人都能租借的單車。

詞語解說 共享系統

和眾多使用者一起使用的商品。

Reuse 措施

閱讀完的書籍和漫畫，各位都如何處理？相信不少人會拿去回收，當成資源垃圾丟掉。

當成資源回收的舊紙類，確實可以再製成再生紙。不過，用卡車運送舊紙類，送進工廠加工，還是需要耗費大量能源。因此，不浪費資源去加工用過的製品，而是將之直接使用的措施，稱為「Reuse（物盡其用）」。

例如，將看完的書賣給二手書店，

什麼是可回收瓶？

可以回收再利用的瓶子稱為可回收瓶（Returnable bottle）。由於可以重複使用，不僅能節省原料，也能減少製造時耗費的能源。

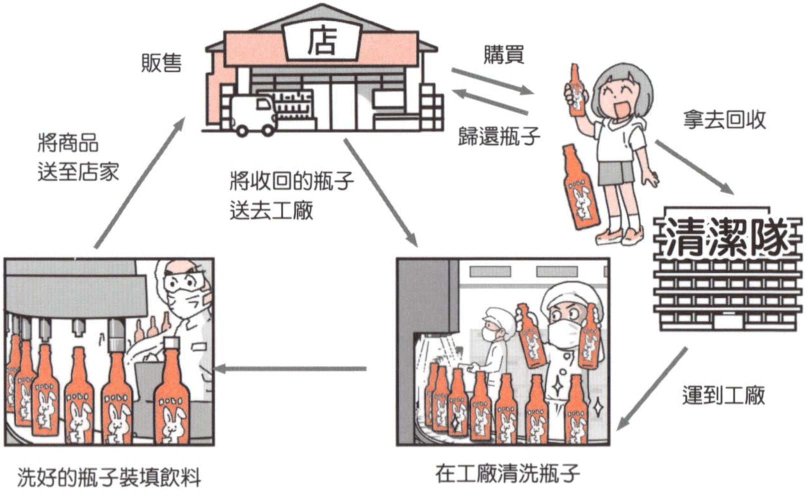

店
販售
購買
歸還瓶子
拿去回收
清潔隊
將商品送至店家
將收回的瓶子送去工廠
運到工廠
洗好的瓶子裝填飲料
在工廠清洗瓶子

讓二手書店再賣給其他需要的人，供其他人閱讀。不只是書，很少穿或不合身的衣服、還能用的家電、自行車等，也都能捐或賣給二手商店，或是拿去跳蚤市場賣掉。物盡其用是最好的節省能源方法。

當你想買某樣東西時，可以考慮不要買全新的商品，去二手商店或跳蚤市場選購看看。不僅能以便宜價格買到，也是好事一樁。

我們也能做到的物盡其用範例

還能用的東西不要丟，修理好就能繼續用。

修理後繼續用

只是因為一點小瑕疵或故障，就把還能用的東西丟掉，是很浪費的行為。修理後繼續用才能學會愛惜物品。

善用二手商店和跳蚤市場

不用的物品請捐給二手店。當你需要某樣東西時，不妨善加利用跳蚤市場或特賣會。

二手商店

Recycle 措施

「Recycle（循環回收）」是大家耳熟能詳的用語。回收空罐、牛奶盒，讓這些資源變成可以製成物品的原料，再次利用。

空罐變成資源後，可以製成機械零件；牛奶盒可以製成衛生紙、文具。在丟棄資源垃圾前，一定要先徹底分類，讓它們能變成可以用的東西。

話說回來，回收的寶特瓶可以再製成寶特瓶，這個做法比重新製造寶特瓶

寶特瓶的水平回收

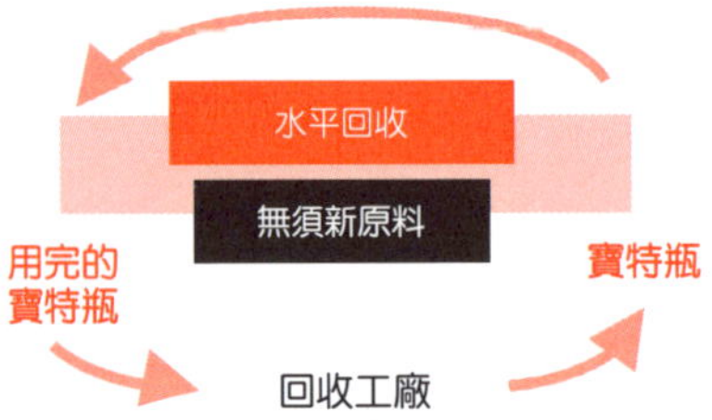

水平回收
無須新原料
用完的寶特瓶
寶特瓶
回收工廠

製作全新寶特瓶的原料除了石油之外，製造過程也會耗費許多能源。話說回來，利用舊寶特瓶製成新寶特瓶的方式稱為**水平回收**，可以節省原料和能源。最終可減少60%以上二氧化碳排放量。比起級聯式利用，水平回收是更好的寶特瓶回收措施。

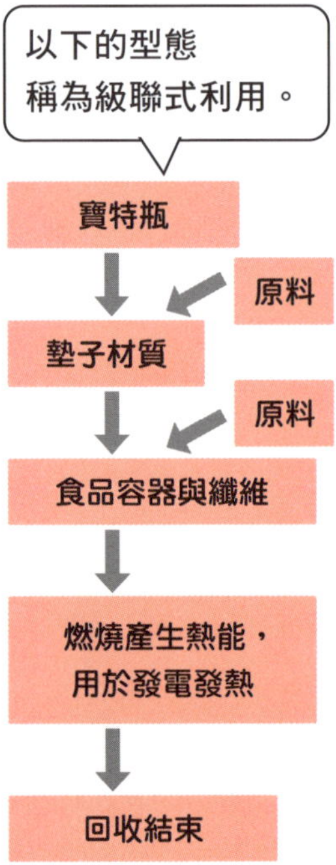

以下的型態稱為級聯式利用。
寶特瓶
原料
墊子材質
原料
食品容器與纖維
燃燒產生熱能，用於發電發熱
回收結束

更加節省資源和能源，降低二氧化碳排放量。千萬不要與其他垃圾混在一起，務必確實分類。

另一方面，不只是分類，改用以回收原料製成的商品也很重要。目前回收製品中，有些價格會比一般製程的商品高。不過，若有更多人使用回收製品，價格就會更便宜，還能提升生產效率，節約能源。

我們也能做到的循環回收範例

●選擇以回收資源做成的製品。

●依資源類別分類垃圾，更有效率的回收。

丟棄回收垃圾時，請先洗乾淨、晒乾、再綁起來整理好。

●以容易收集的型態回收紙盒。

MILK

●利用廚餘堆肥。

利用微生物的力量分解菜渣和沒吃完的食物，做成堆肥。

一起了解「環境標章」

為了實現循環型社會，購物時要注意選擇商品的方法，商品上的標誌有助於我們選擇最友善地球的商品。從標誌即可了解商品是否使用再生原料，製作時是否注意環境保護等事項。現在一起來了解常用環境標章的意思吧。

此外，丟棄容器時可以對照「回收標誌」，確認該如何分類。

日本的各種「回收標誌」

丟棄資源垃圾時，只要根據回收標誌好好分類，就能讓回收的資源重生。

寶特瓶	塑膠製容器包裝	鋁罐	鐵罐
1 PET	プラ	アルミ	スチール
法定標示	法定標示	法定標示	法定標示

紙製容器包裝	飲料紙盒	紙箱
紙	紙パック	
法定標示	自主標示	自主標示

台灣的各種環境友善標章

●環保標章

政府認定商品在製造時有達到降低環境汙染、節省資源及減少消耗，並達到廢棄物減量及回收再利用，有益環保的商品。

●能源效率標章

「溫度計」象徵能源效率等級，下方為地球，越接近地球的能源效率等級代表越節能，對地球的傷害越小，排放的二氧化碳越少，對環境越友善。

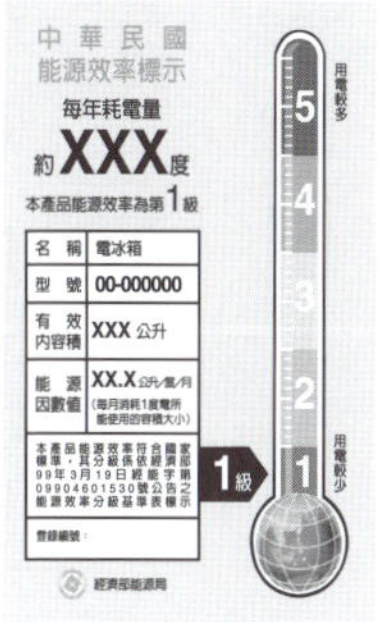

●節能標章

代表著有高能源效率、能夠節省能源的商品。

●省水標章

代表在不影響用水習慣下，也能達成節約用水的產品。

普級省水標章　金級省水標章

●碳足跡標章

碳足跡標籤揭露了產品從工廠製造、配送銷售、消費者使用到最後廢棄回收等生命週期各階段所產生的溫室氣體，經過換算成二氧化碳當量的總和。

●減碳標章

減碳標籤是產品執行碳足跡減量後實質成果展現，代表五年內的碳足跡減量需達3%以上。

3R後的環保計畫

Reduce（減少使用）、Reuse（物盡其用）和Recycle（循環回收）統稱為3R。比3R更進一步的環保計畫是3R+再生（Renewal）。例如將塑膠原料從石油改成植物來源的生物塑膠，或從傳統的化石燃料轉型成可再生能源（Renewable energy）等。日本政府希望在二〇五〇年，實現二氧化碳淨零排放的碳中和目標。為了實現目標，努力推動3R+再生便顯得十分重要。

●循環經濟

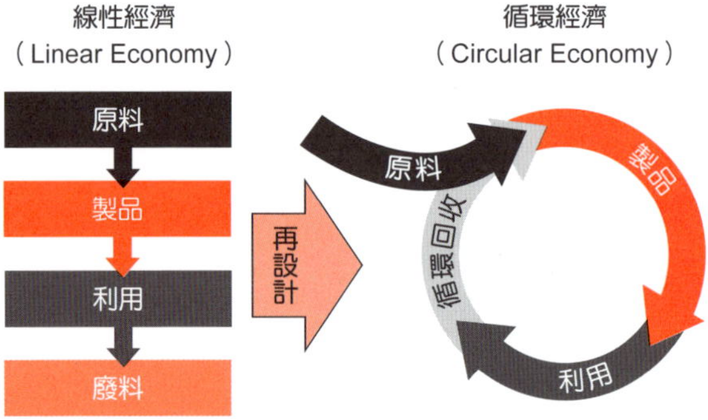
線性經濟
（Linear Economy）
原料
製品
利用
廢料
再設計
循環經濟
（Circular Economy）
原料
製品
利用
循環回收

盡可能延長製品與原料的使用壽命，就能減少新原料的消耗量。
有效利用現有物品，建立循環使用資源的系統。

相較於過去用完就丟的「線性經濟」，「循環經濟」著重於重複使用的概念。

「循環經濟」（Circular Ecnomy）也是正在推動的環保計畫之一。使用生物塑膠（請參閱一一二頁）等可再生資源製作商品，開發出容易循環回收或再利用的商品，避免產生廢棄物和汙染。此外，延長商品使用壽命的服務和機制也是計畫的一部分。世界各國皆想方設法的致力於實踐「SDGs」（請參閱第一七〇頁）。

租借共享單車，就能重複「使用期→維修期」的過程，延長每輛單車的使用壽命。
共享單車

以咖啡渣製作肥料，用廢棄的椰子殼製作隔熱材料，廚餘也能有效利用。
現在也有家電和家具的共享服務，消費者可以短期租借。一般人也能將家裡不用的製品修理之後，出租給其他人使用。

避免糧食損失與浪費！①

將還能吃的食物丟掉稱為「糧食浪費」（Food Waste）。日本每年浪費掉的食物高達五百二十三萬噸左右，高出世界各國援助全球饑荒（糧食不足）受害者的食物量（約四百四十萬噸）。台灣每年則是浪費約四百萬噸。

全球陷入營養不良狀態的人口有將近八億，主要集中在開發中國家。世界上有人營養不良，但反觀每位日本人，平均每天都要丟棄差不多一顆飯糰的食

★引自農林水產省及環境省「2021年度推估」

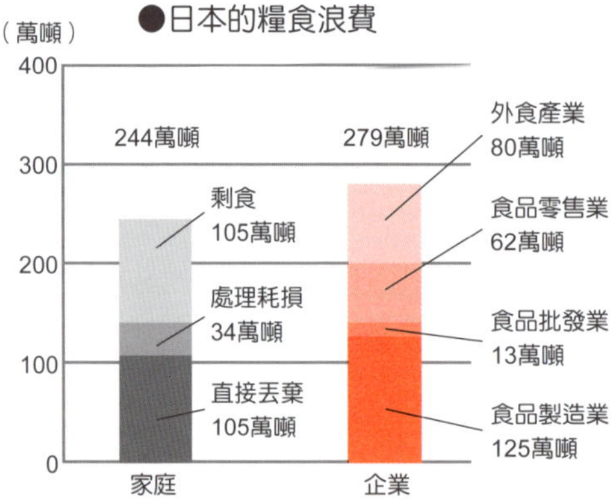
●日本的糧食浪費
（萬噸）
400
300
200
100
0
244萬噸
279萬噸
剩食
105萬噸
處理耗損
34萬噸
直接丟棄
105萬噸
外食產業
80萬噸
食品零售業
62萬噸
食品批發業
13萬噸
食品製造業
125萬噸
家庭
企業

家庭丟棄的食物量與製造業等企業丟棄的食物量竟然沒差多少……

日本的糧食自給率以卡路里計算約為37％。也就是說，超過一半必須由國外進口。
自給率這麼低，還丟掉了那麼多食物，問題很大呢！

【出處】日本環境省官網

物量（一一四公克）。避免糧食浪費是一定要努力達成的目標。

此外，糧食浪費也會破壞環境。食物送到消費者手上之前，必須先經過生產、加工、運送等過程，消耗掉大量能源，還會排放二氧化碳。此外，廚餘的含水量較多，若當成一般垃圾丟掉，後續處理就要花更多能源。

減少廢棄食物不僅能幫助更多人，還能維護地球環境。

●日本和外國的糧食自給率（2018年）

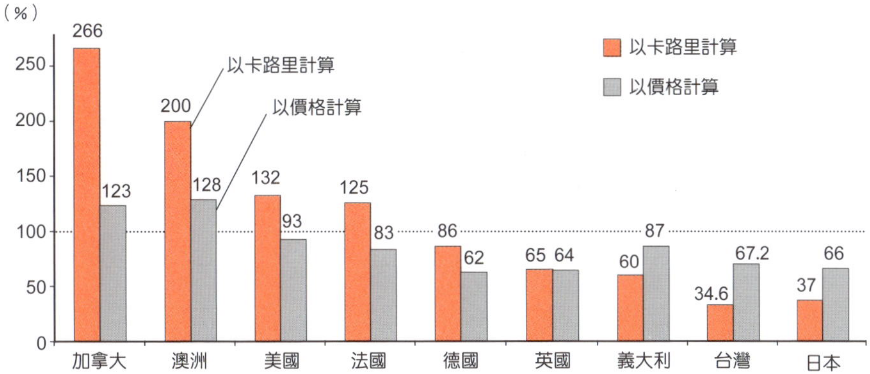
（%）
以卡路里計算
以價格計算
266
123
200
128
132
93
125
83
86
62
65
64
60
87
34.6
67.2
37
66
250
200
150
100
50
0
加拿大
澳洲
美國
法國
德國
英國
義大利
台灣
日本

資料：日本農林水產省根據農林水產省「糧食需要表」、FAO "Food Balance Sheets"、台灣農業部107年（2018年）糧食供需統計結果等資料試算而成。（不含酒類。）

註1：數值為西曆年。以卡路里計算與以生產額計算的各國數值，使用各政府的公告值。

註2：計算畜產品與加工品時，皆已考量進口飼料和進口原料等變因。

【出處】日本關東農政局官網、消費者廳官網

避免糧食損失與浪費！②

糧食損失與浪費分成由企業端與家庭消費端造成的兩種，其中將近一半來自於家庭。也就是說，想要杜絕食物浪費，就必須借助我們每個人的力量。既然如此，我們又該注意什麼呢？

舉例來說，在家做料理時不要煮太多，只煮一餐吃得完的分量，就能減少廚餘。買菜前也可以先確認家裡還有哪些食材，而且只買需要的食材，就能避免浪費。此外，如果是馬上要吃的食物

這麼做就能杜絕糧食浪費

●買菜前務必確認家中食材

事先確認自己一定要買的食材，有助於避免過度購物或浪費食物。

●依照自己預計食用的時間選購物品

馬上要吃的食品請「拿貨架上放在最前方（即有效期限最短）的商品」這是目前最新的購物禮節。

買回家的食材請務必用完，做菜時不要做太多也很重要。

（食品），不要買有效期限還很長的商品，可以拿貨架上排在最前方的商品，延長商品在架上能讓其他消費者選購的時間。

若是別人送的或買太多而吃不完的食物，不妨利用各地的食物銀行或賣場的食物捐贈箱，達到物盡其用的目標，讓需要的人更有效率的使用。在外面吃飯時，不要點自己吃不完的分量。有些店家可以將吃不完的食物打包回家，若真的吃不完，請店家幫忙打包。

●食物銀行
將家裡或店裡沒用完的未過期食材、不用的食材捐給各地的食物銀行機構，讓機構能轉送給需要的人。根據日本厚生勞動省的調查，日本每六人就有一人處於貧困狀態，卻有兩成左右家庭的可燃垃圾來自於食物浪費，其中約四分之一是從未用過的食品。食物捐贈活動可以讓我們有效利用食品。

可上網查詢各地的食物銀行與哪些賣場有食物捐贈箱。

志工團體、當地公所等

●「mottECO」標誌（減少食物浪費措施）
在日本貼著此標誌的店家，鼓勵消費者將吃不完的食物打包回家。

mottECO

挑戰小測驗

各位在第四章學習了循環型社會，接著回答以下五個問題統整複習一下吧！

1 洗衣精用完時，不要將瓶子丟掉，購買補充包，重複使用瓶子。利用這類方式盡可能減少垃圾，盡力不製造或購買未來可能丟掉的物品。請問這樣的措施稱為什麼？

Ⓐ Recycle（循環回收）

Ⓑ Reuse（物盡其用）

Ⓒ Reduce（減少使用）

2 不要丟棄看起來很新卻不能穿的衣服，以及還能用的家電，捐給二手市場送給需要的人，讓物品繼續被使用，不變成垃圾。請問這樣的措施稱為什麼？

Ⓐ Recycle（循環回收）

Ⓑ Reuse（物盡其用）

Ⓒ Reduce（減少使用）

回收飲料瓶，在工廠清洗乾淨，讓瓶子還能當商品販售，「可回收瓶」的概念十分符合第二題的答案。

3 將回收的空瓶資源化，做成機器零件；將回收的牛奶盒資源化，做成衛生紙或文具。請問這樣的措施稱為？

Ⓐ Recycle（循環回收）

Ⓑ Reuse（物盡其用）

Ⓒ Reduce（減少使用）

4 日本寶特瓶的回收標誌是哪一個？

Ⓐ

プラ

Ⓑ

アルミ

Ⓒ

1
PET

5 將家裡或店裡沒用完的未過期食材、不用的食品捐出，透過志工團體或公所送給需要的人。請問這樣的活動可以減少什麼？

Ⓐ 減少垃圾

Ⓑ 減少糧食損失與浪費

Ⓒ 兩者皆是

小測驗的答案和詳細解說，請參照一八七頁。

志工團體、當地公所等

什麼是永續發展？

哆啦A夢，大家都來家裡玩了。
哈囉，歡迎來玩！
我正在用「時光電視」看從過去到現在的環境問題歷史。
環境問題最明顯的開端是十八世紀後半英國的「工業革命」，
當時為了維持暖氣和許多機器運轉，人類大量燃燒煤炭。

由於這個緣故，燃燒產生的白煙和煙灰布滿天空，形成大氣汙染。
「smog※」一詞也是在這個時期出現。

二十世紀後，隨著人口增加、農地擴大、城市開發，
導致人類大幅砍伐森林、填海造地……
進一步使用更多石油和煤炭等資源。
最終超越國界，引爆整個地球等級的氣候變遷現象。
大氣中的溫室氣體過度增加，導致地球暖化。

※smog 是指霧霾，是由 smoke（煙）+fog（霧）合起來的組合字。

也就導致近代的地球環境越來越惡化呢。
我們每個人都要懷抱環境意識，好好生活，才能避免地球變得更糟糕。
地球上存在著打造大自然環境的各種植物，
以及住在自然中生活的各種動物。
廣闊的海洋有不少生物棲息，
還有人們生活在世界上的各個國家。
衷心希望世界上的所有生命都能共同存活下去，直到未來。

靜香，你說得真好！
你說的正是目前全世界都在努力推動的「永續」觀念。
「永續」？
永續的意思是「可以永遠持續下去」。
也就是說，不破壞地球環境，從現在到遙遠的未來都要維持地球的和平與美麗。
這個觀念最棒的地方在於，不只著眼於現在，
也為未來的地球著想。

為了推廣此概念，世界各國的代表齊聚一堂，訂定了共同目標。
也就是「SDGs」。

Sustainable Development Goals
永續 發展 目標
1 消除貧窮
2 消除飢餓
3 良好健康和福祉
4 優質教育
5 性別平等
6 潔淨水與衛生
7 可負擔的潔淨能源
8 尊嚴就業與經濟發展
9 產業創新與基礎設施
10 減少不平等
11 永續城市與社區
12 負責任的消費與生產
13 氣候行動
14 水下生命
15 陸域生命
16 和平正義與有力的制度
17 夥伴關係
「SDGs」是英語首字母的縮寫。
為了維護地球未來，訂定了「17」項目標（請參閱一七〇頁）。

竟然有「17」項目標啊！
這麼多記得住嗎？
只要從自己做得到的目標開始就可以了。
如果覺得很難記住，可以將「17」項目標分成五大類。

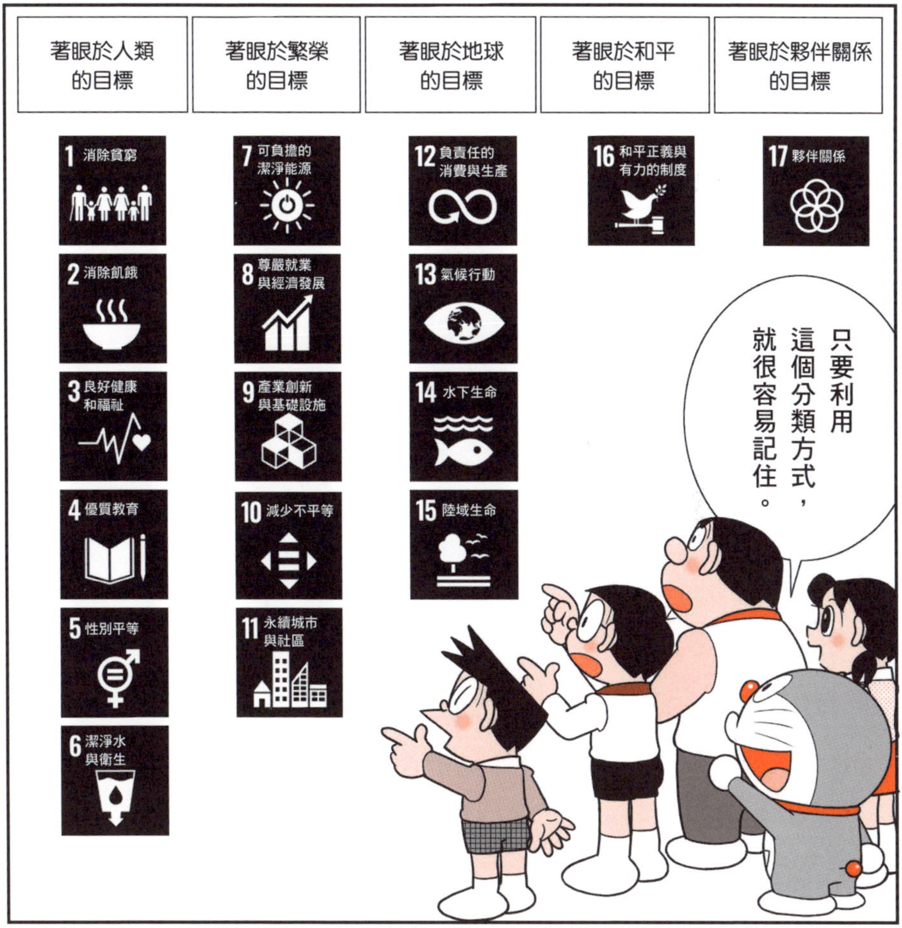
著眼於人類的目標
1 消除貧窮
2 消除飢餓
3 良好健康和福祉
4 優質教育
5 性別平等
6 潔淨水與衛生
著眼於繁榮的目標
7 可負擔的潔淨能源
8 尊嚴就業與經濟發展
9 產業創新與基礎設施
10 減少不平等
11 永續城市與社區
著眼於地球的目標
12 負責任的消費與生產
13 氣候行動
14 水下生命
15 陸域生命
著眼於和平的目標
16 和平正義與有力的制度
著眼於夥伴關係的目標
17 夥伴關係
只要利用這個分類方式，就很容易記住。

雖然說要全部記住很難，
但我們早就實現了「17項目標」的其中幾項喔！
真的嗎？
讓我們用「時光電視」看一下當時的情形。
這是我和你在討論環境問題的時候，
我想起來了，你還硬要我打掃房間呢！
打掃房間就是「17項目標」的11與12。
11 永續城市與社區
12 負責任的消費與生產
媽媽拿出用被糧食浪費的食材做的點心。
避免糧食浪費屬於12。
7 可負擔的潔淨能源
這是媽媽要我們省電的時候。
省電屬於第7項。

這是靜香和出木杉參加的植樹活動。
15 陸域生命
屬於「17項目標」的第15項。
這是與神成先生一起整理空地的時候。
11 永續城市與社區
12 負責任的消費與生產
可燃
可燃垃圾
「17項目標」的第11與第12項。
這是大家一起撿拾河川垃圾。
垃圾
整理環境符合以下3項。
11 永續城市與社區
12 負責任的消費與生產
14 水下生命

1 消除貧窮
11 永續城市與社區
這是和媽媽一起整理衣服、書籍和玩具，捐出去物盡其用、循環回收的時候。
還能用的玩具和書籍，
有時也會運到國外，因此屬於「第1項」目標。
小夫爸爸的電動車算不算呢？
對耶！
該算「17項目標」的哪一項呢？
7 可負擔的潔淨能源
9 產業創新與基礎設施
11 永續城市與社區
13 氣候行動
電動車不會排放二氧化碳，若能持續增加電動車數量，應該可以達成這四項目標。
太棒了，我回家要告訴爸爸！

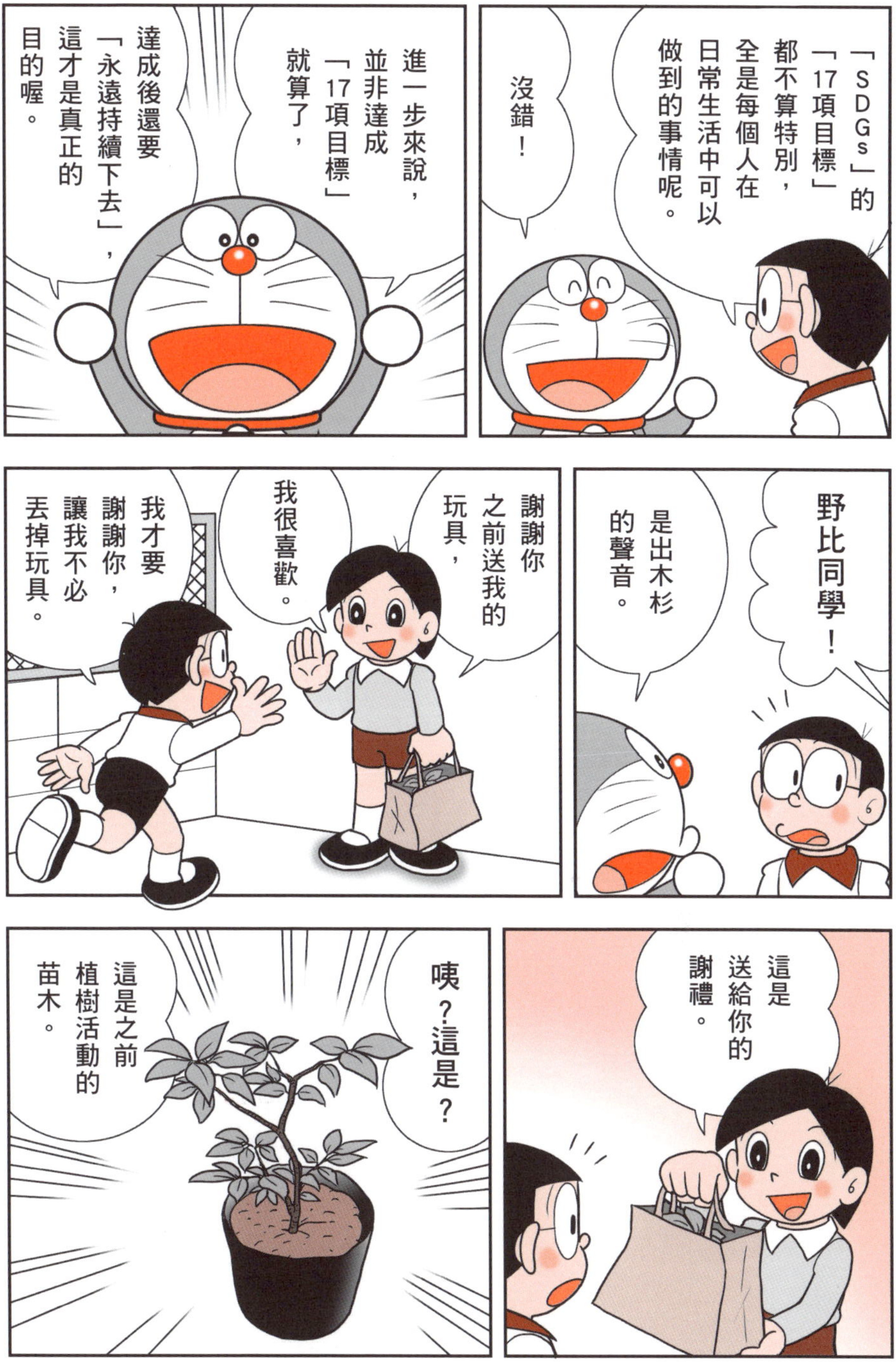
「SDGs」的「17項目標」都不算特別，全是每個人在日常生活中可以做到的事情呢。
沒錯！
進一步來說，並非達成「17項目標」就算了，
達成後還要「永遠持續下去」，這才是真正的目的喔。
野比同學！
是出木杉的聲音。
謝謝你之前送我的玩具，
我很喜歡。
我才要謝謝你，讓我不必丟掉玩具。
這是送給你的謝禮。
咦？這是？
這是之前植樹活動的苗木。

我也想在家多種一些樹，所以拜託主辦單位送我幾棵苗木。
好棒喔，謝謝你。
現在就來把它種在庭院裡。
植物會在成長過程中吸收二氧化碳。
觀察樹木的成長過程雖然很有趣，
但更重要的是，可以親身感受到自己也為解決環境問題盡一份心力，讓人更開心。
解決環境問題必須要全世界的人一起合作才行……
因此，每個人的一小步都顯得十分重要。

人類造成的環境汙染會導致動植物滅絕，我們一定要阻止這種事情發生。
我們都要做自己做得到的事！

別擔心！
等我們長大，地球環境一定會比現在更好！

環境問題的歷史①

日本史上第一次因公害※造成災害，是在十九世紀末。當時銅礦排放的廢水流入河川造成汙染，人們再也捕不到魚，農作物也生病枯萎，受害者不斷提出抗議，事件越演越烈。這起事件稱為足尾銅山礦毒事件，是日本公害事件的原點。

後來隨著經濟發展，公害造成的災害擴及日本各地。到了一九六七年，日本政府制定公害對策基本法，國家正式投入防範公害。

此時世界各國都在發展工業，爆發多起大氣汙染公害事件。其中最嚴重的一個公害事件，當屬一九五二年英國倫敦發生的倫敦霧霾事件。當時許多民眾罹患氣管和心臟疾病，短短幾個月就有一萬兩千人死亡。美國洛杉磯也因為汽車排放廢氣，導致空氣汙染日益嚴重，出現光化學煙霧※問題。自此，大氣汙染成為全球性環境問題。

詞語解說 公害

因工業活動產生的有毒物質，造成身體、精神與經濟層面損失，破壞自然環境。

1890年代～ 足尾銅山礦毒事件（日本公害事件的原點）

1950～1960年 公害問題在日本各地日益嚴重

1967年 政府制定公害對策基本法

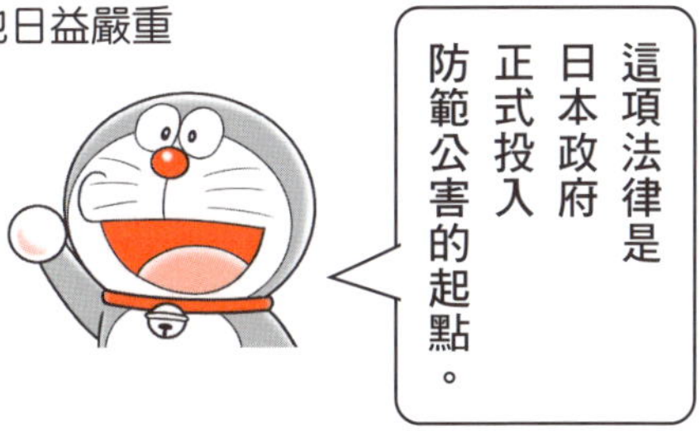
這項法律是日本政府正式投入防範公害的起點。

1970年 日本首次檢測到光化學煙霧

當燃燒石油與煤炭產生的有害物質受陽光照射，就會在空氣中形成光化學煙霧。
光化學煙霧
日本東京都曾經發生過學生在校內運動場，出現眼睛痛、喉嚨痛等狀況，因此檢測到光化學煙霧。

1970年 日本國會通過與公害有關的14項法案

1971年 成立環境廳（現為環境省）

修正公害對策基本法，訂定廢棄物處理規則，制定預防海洋汙染的法律。
終於建立了以保護環境為目標的國家體制。

詞語解說 霧霾、光化學煙霧

霧霾是大量燃燒石油與煤炭，在空氣中產生的汙染物質。經過陽光的紫外線照射，霧霾裡的氧化劑等有害物質越來越多，形成光化學煙霧，為人體和動植物造成傷害。

環境問題的歷史②

隨著世界人口的增加與工業的發展，環境問題也越來越嚴重，達到必須處理改善的程度。一九七二年，北歐國家瑞典舉辦了全球首場，與環境有關的大型聯合國※人類環境會議。這場會議宣示「為了現在和未來的後代，人類必須負起保護與改善環境的責任」。世界各國共同致力於解決環境問題，包括限制有害物質、預防海洋汙染、保護野生動物等，並將以上內容統合在會後發表的《人類環境宣言》。

在此會議後，各國著手處理全球性環境問題。召開會議的前後一段時間，相關單位也訂定了許多保護自然環境、野生動物相關的條約。

日本也逐步完備保護環境的法律，到了一九八〇年，新發生的公害事件越來越少，人們的受害程度也越來越低。另一方面，人類接著面臨了全新的地球暖化課題。

【參考文獻】聯合國人類環境會議（斯德哥爾摩會議：1972年）（日本環境省參考資料3）

詞語解說　聯合國

為了維護世界和平與安全，實現國際合作，於1945年成立的組織，共有193個會員國（2024年）。英文為United Nations。

1971年 採用《拉姆薩公約》

日本登錄的地方
包括以毬藻聞名的
北海道阿寒湖、
有豐富珊瑚生態的
和歌山縣串本町
等處。

→為了保護水域動物的生態系統，保護重要溼地與湖泊的國際條約。日本於1980年加入，直到2022年，共有53處登記在案。

1972年 在瑞典斯德哥爾摩召開聯合國人類環境會議，發表**《人類環境宣言》**。

召開了討論
環境問題的
國際會議。

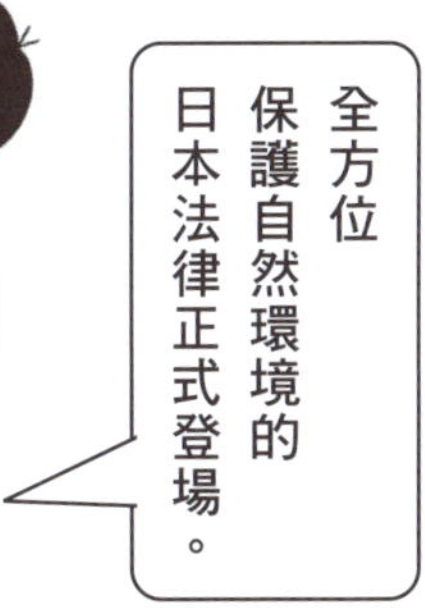
全方位
保護自然環境的
日本法律正式登場。

1973年 日本通過**《自然環境保全法》**

1973年 採用**《華盛頓公約》**

→嚴禁買賣有滅絕之虞的動植物
日本於1980年加入

大象的象牙和犀牛角
可用作裝飾品，
因此受到管制。

1979年 第八屆**世界氣象組織**（WMO）總會議通過世界氣候研究計畫

→發表解決氣候問題的國際共同計畫

1985年 在奧地利菲拉赫舉行第一場與地球暖化有關的全球會議**（菲拉赫會議）**

1990年 日本政府公布地球暖化防止行動計畫

【參考文獻】科學與環境年表（日本環境省）、改訂第9版環境社會檢定考試© eco檢定官方講義（東京商工會議所編著）

環境問題的歷史③

從十九世紀中期開始，世界各國都在研究人類活動如何引起地球暖化。日本知名作家宮澤賢治在一九三二年發表《古斯寇布達利傳記》，描述火山噴出的二氧化碳導致地球暖化，農民深受寒害影響的情景。一九八五年舉辦了第一場以地球暖化為主題的國際會議「菲拉赫會議」（請參閱一五九頁），會後聲明提及「人類可能會在二十一世紀前半，遭遇前所未有的大規模平均氣溫上升現象」，因應暖化的對策成為環境問題的核心課題。

一九九二年，全球一百五十四國（包括歐盟※）簽署通過《**聯合國氣候變化綱要公約**》。聯合國根據此條約，組織規模最大的討論氣候變遷對策國際會議**COP**（締約國會議※），第一場會議COP1在一九九五年於德國柏林召開；一九九七年在日本京都召開的COP3中通過的《**京都議定書**》，成為日後環境問題對策的指南。

※（注）本節的COP意指氣候變遷締約國會議。

【參考文獻】環境白皮書第一節人類了解地球暖化的過程（日本環境省）

詞語解說 歐盟（European Union，簡稱EU）

由德國、法國、比利時等歐洲27國（2024年6月），以統合外交政策、貨幣為目的成立的聯盟。

1992年 制定**《聯合國氣候變化綱要公約》**

→預防地球暖化的國際條約
在巴西里約熱內盧舉行**地球高峰會**
→包括歐盟在內，共154個國家簽署《聯合國氣候變化綱要公約》

第一場COP
有78個締約國，
以及非締約國
54國參與。
宣示全球性
暖化對策的
執行方針。

1995年 首場「COP（締約國會議）」在德國柏林舉行

→制定實施《聯合國氣候變化綱要公約》的必要規則

1997年 COP3在日本京都舉行

→已開發國家（請參閱162頁）加入**《京都議定書》**，
該協議規定了在2012年需削減溫室氣體的目標數值。
→已開發國家有達到目標數值的義務，但開發中國家沒有，不公平的做法遭到批評。

《京都議定書》
規定了
削減溫室氣體的
具體目標數值。

2001年 美國退出COP

→美國當年的二氧化碳排放量高居世界第二，美國退出COP對於削減溫室氣體的計畫影響甚鉅。

詞語解說 締約國

成為《聯合國氣候變化綱要公約》的締約國不只要署名，還要經過正式手續（該國國會同意等），主動表達成為當事國的意願。

環境問題的歷史④

由於已開發國家※認為「所有國家都該共同減少溫室氣體」，開發中國家※則認為「已開發國家過去排放大量溫室氣體，他們才應該負起責任」。因此即使每年舉行COP（締約國會議），已開發國家與開發中國家的意見仍舊分歧，難以達成協議。

二〇〇九年的COP一共有一百九十個國家與地區參與，最後通過**《哥本哈根協議》**。協議主旨是「大幅削減整個地球溫室氣體的排放量，將全球平均氣溫升幅控制在工業革命前的攝氏兩度之內」。然而，當時溫室氣體排放量最高的美國與中國不贊成此協議，成為一大課題。

二〇一五年COP21通過的**《巴黎協定》**，訂定了更具體的溫室氣體削減目標，包括美國、中國和開發中國家在內，所有參與國與地區皆同意此目標。之後的COP也提出更具體的目標為「全球平均氣溫升幅控制在工業革命前的攝氏一點五度之內」。

詞語解說　已開發國家

工業發展，政治、社會與文化發達且經濟富裕的國家。

2009年 在丹麥哥本哈根召開COP15

→全球平均氣溫升幅控制在工業革命前的攝氏兩度之內
→已開發國家資助開發中國家，公布溫室氣體的削減目標
→開發中國家每兩年公布一次針對減少溫室氣體所做的努力
→同意上述行動

已開發國家和
開發中國家
協調彼此意見，
最終同意簽訂
《哥本哈根協議》。

2015年 在法國巴黎召開COP21

→同意長期目標為將全球平均氣溫升幅控制在工業革命前的2℃之內，並努力將氣溫升幅限制在1.5℃之內
→為了盡快減少溫室氣體的排放量，同意21世紀後半努力維持排放量與吸收量之平衡。

上述協議即為
《巴黎協定》，
成為日後
環境問題的
執行方針。

2021年 美國正式回歸《巴黎協定》

2023年 在杜拜大公國召開COP28

→為了達成1.5℃之內的目標，推動「擺脫」化石燃料，提高再生能源發電量至如今的3倍。

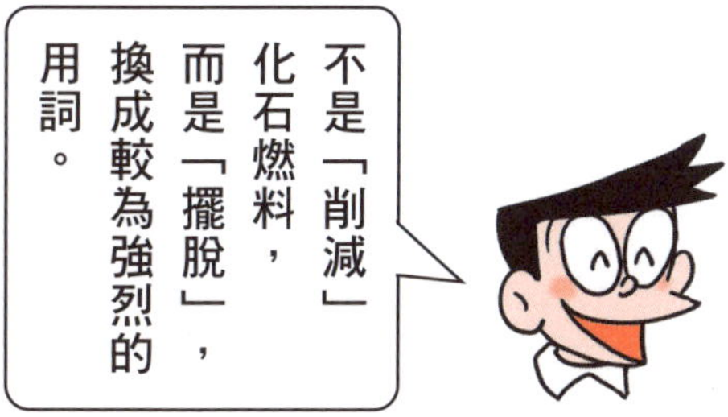
不是「削減」
化石燃料，
而是「擺脫」，
換成較為強烈的
用詞。

詞語解說 開發中國家

還在發展經濟、產業與技術開發的國家，亦稱為發展中國家、欠發達國家

減少溫室氣體——世界各國的措施

始於公害問題的環境問題，已衍生出地球暖化、垃圾問題與生態系統危機等各種課題。為了解決這些課題，世界各國齊心協力發展經濟、召開COP、促進國際對話，盼能拯救地球的危機。訂定了成為環境問題對策指南的《京都議定書》（請參閱第一六一頁）、《巴黎協定》（請參閱第一六三頁）等規定。世界各國也在自己國內努力推動協議內容。

歐洲國家以「減少溫室氣體排放量」

三十年來溫室氣體排放量比較結果

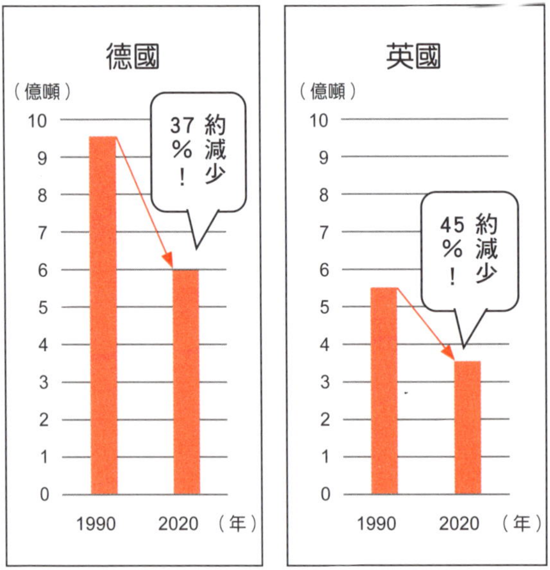

【出處】日本環境省參考國際能源總署（IEA）《Greenhouse Gas Emissions from Energy》2022 EDITION做出統計數據，編輯部依此製作圖表。

為目標，率先做出成果。英國、德國、義大利、法國等國家努力減少化石燃料的使用，轉型投入再生能源，於二〇二〇年達成溫室氣體排放量，比三十年前減少百分之二十四到二十五的目標。

溫室氣體排放量第二名的美國，也在二〇二〇年達成溫室氣體排放量，比三十年前減少百分之十一的目標。排放量第一名的中國則宣示二〇三〇年減少排放量，二〇六〇年實現碳中和目標（請參閱第七十八頁）。

請注意，只有美國的垂直座標軸數字較大。
畢竟是世界第二的溫室氣體排放國，各界都希望美國能進一步減少排放量。

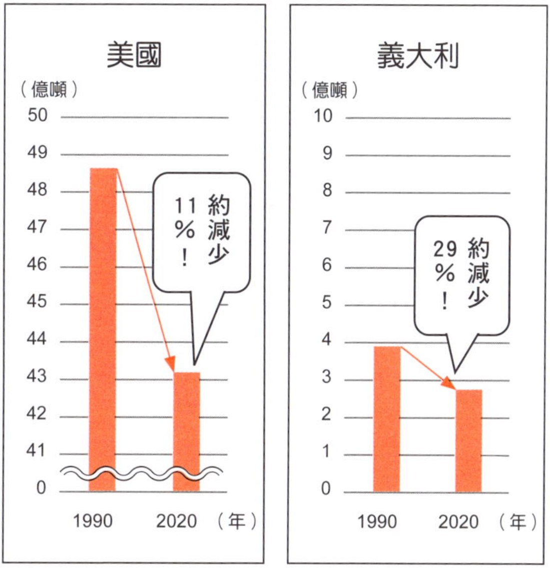
美國
（億噸）
50
49
48
47
46
45
44
43
42
41
0
1990
2020
（年）
約減少11%！
義大利
（億噸）
10
9
8
7
6
5
4
3
2
1
0
1990
2020
（年）
約減少29%！

減少溫室氣體——日本的措施

看完世界的趨勢後，來看一下日本溫室氣體的減少狀況。日本政府向世界宣示「二〇三〇年的溫室氣體實質排放量，要比二〇一三年減少百分之四十六，並且在二〇五〇年達成溫室氣體淨零排放※的目標」。

為了達成這些目標，日本的中央和地方政府皆積極協助有意參與去碳化事業的企業，針對一般家庭提出「創造去碳化全新豐富生活的國民運動」觀念，努力推動

三十年來日本溫室氣體排放量比較結果

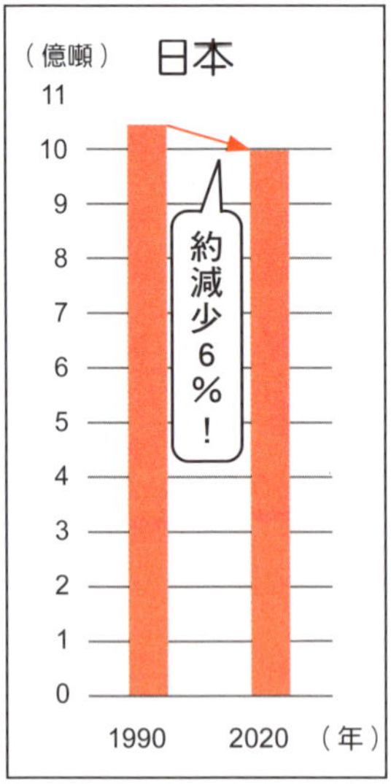

（億噸）
日本
11
10
9
8
7
6
5
4
3
2
1
0
約減少6％！
1990
2020
（年）

減少企業和家庭的排放量，同時增加森林與海洋的吸收量，計畫在二〇五〇年實現溫室氣體淨零排放目標。

【出處】

日本環境省參考國際能源總署（IEA）《Greenhouse Gas Emissions from Energy》2022 EDITION做出統計數據，編輯部依此製作圖表。

詞語解說 淨零排放

二氧化碳排放量，與森林、海洋的吸收量相同。意思十分接近碳中和。

各種措施。

接著在二〇二四年，日本向聯合國提出報告，說明二〇二二年度國內的海藻與海草，總共吸收了三十六萬噸二氧化碳，利用海藻與海草達成「藍碳」（請參閱第八十頁）成果。這是日本第一次向世界公布如此具體的數字。

日本宣示的「二〇五〇年目標」是減少溫室氣體排放量，同時利用森林與海洋吸收溫室氣體，一步步取得平衡。

「創造去碳化全新豐富生活的國民運動」是什麼意思啊？
這是透過加強住宅隔熱、引進太陽能發電、利用遠距工作※、地產地消的飲食習慣等方式，打造舒適又健康的生活，同時達成減少溫室氣體目標的全民運動。
好期待日本在二〇五〇年達成的成果！

詞語解說 遠距工作

善用個人電腦、智慧型手機等資通訊環境，無須到公司，也能在家或外出時完成工作。是一種不受到地點與時間限制的工作型態。

什麼是永續？

大家是否曾在電視節目或書籍中，聽過或看過永續這個詞彙？

永續的英文是Sustainable，具有「可持續性」之意。最近常用來表示「不破壞環境，可持續」的意思。

舉例來說，永續城市（Sustainable City）指的是注重環境的城市，永續交通（Sustainable Mobility）是環境友善的交通體系。話說回來，為什麼永續會成為如此盛行的詞彙？

永續城市

永續交通

整備永續環境，打造人們可以健康且滿足的生活的城市。
建立所有人一起共享電動車或一輛車的系統。

關鍵在於一九八七年聯合國召開的「環境與發展委員會」，各國代表在這場會議上提出打造未來的核心思想，也就是**永續發展**（Sustainable development），深受國際支持。

簡單來說，不可能為了不排放二氧化碳停止發展產業，因此必須在發展產業的同時，下工夫改善地球環境，以永續做為環境問題對策的基本概念。

永續食物

不只友善環境，更有益健康。
這是用黃豆做的素肉排？

永續時尚

修補衣服的破損、脫線，自己喜歡的衣服就用這個方式好好愛護，延長穿著時間。

什麼是SDGs？

二〇一五年九月，世界各國的代表在聯合國總會通過的全球性開發目標，旨在「實現不落下任何人的社會，不只是開發中國家，已開發國家也要致力於解決經濟、社會和環境的各種議題」。

這一個目標稱為SDGs※，包括了十七項大目標（Goal）和一六九項指標（Target），預計在通過後十五年實現。

接下來將依序介紹這十七項大目標的內容。

SUSTAINABLE DEVELOPMENT GOALS

1. 消除貧窮

消除各地一切形式的貧窮

→為所有地方的所有人消除極端貧窮，目前的標準是按照每天生活費不足1.25美元計算。所有年齡層的男女老少中按照各國定義的貧困人數的比例，至少減少一半等。

2. 消除飢餓

消除飢餓，達成糧食安全，改善營養及促進永續農業

→飢餓指的是因沒有食物而挨餓。確保所有的人，尤其是貧窮與弱勢族群（包括嬰兒），都能夠終年取得安全、營養且足夠的糧食等。

詞語解說 SDGs

Sustainable Development Goals的簡稱，意思是「永續發展目標」。

3 良好健康和福祉

3. 良好健康和福祉

確保健康及促進各年齡層的福祉

→福祉指的是公部門對維護一般民眾生活的協助。消除熱帶性疾病與傳染病，對抗傳染疾病，降低孕婦和新生兒的死亡率等。

衛生環境惡劣的貧困地區，孕婦和新生兒的死亡率也很高。

熱帶性疾病主要發生在全球貧困地區，威脅超過十億人的生活。

4 優質教育

4. 優質教育

確保有教無類、公平以及高品質的教育，及提倡學習

→無論任何性別，確保全世界所有孩童都能接受教育。大幅增加具備技能的年輕人與成人比例等。

5 性別平等

5. 性別平等※

實現性別平等，並賦予婦女權力

→消除所有地方對婦女的各種形式的歧視；確保婦女全面參與政治、經濟與公共決策，確保婦女有公平的機會參與各個階層的決策領導等。

6 潔淨水與衛生

6. 潔淨水與衛生

確保所有人都能享有潔淨水與衛生設備，並確保其永續管理

→讓全球的每一個人都有公平的管道，可以取得安全且負擔得起的飲用水，大幅減少有缺水煩惱的人口。整備衛生設備等。

7 可負擔的潔淨能源

7. 可負擔的潔淨能源

確保所有的人都可取得負擔得起、可靠的、永續的，及現代的能源

→大幅提高全球再生能源的供電比例，將全球能源效率的改善度提高一倍等。

詞語解說 性別（Gender）

以「像個男子漢」、「像個女人」等詞彙定義，在社會中營造的男女形象差異。這跟與生俱來的身體性徵、生物學上的性別概念不同。

8. 尊嚴就業與經濟發展

促進包容且永續的經濟成長，達到全面且有生產力的就業，讓每一個人都有一分好工作

→依據國情維持經濟成長，尤其是開發度最低的國家，每年的國內生產毛額成長率至少7%等。

9. 產業創新與基礎建設

建立具有韌性的基礎建設，促進包容且永續的產業發展，並加速技術創新

→此項所指的基礎建設是交通、通訊、衛生、教育等環境，為包括開發中國家在內的所有人開發並提供上述環境等。

10. 減少不平等

減少國內及國家間的不平等

→以高於國家平均值的速率漸進的讓底層40%的人口實現所得成長；對經濟開發度最低的開發中國家提供金援等。

為了實現「不落下任何人的社會」！
「17項目標」中，大多數都宣示要援助開發度最低的國家，致力於幫助生活在貧窮環境的人們。

11. 永續城市與社區

促使城市與人類的住居具包容、安全、韌性及永續性

→確保所有人都可取得適當的、安全的住宅與生活，改善貧民窟等。

12. 負責任的消費與生產

確保永續消費及生產模式

→大幅減少隨著生產帶來的有害物質排放和垃圾；確保每個地方的人都有「不丟棄剩食與能用物品」的意識，以及跟大自然和諧共處的生活方式等。

詞語解說 雇用

公司錄取人員，提供工作，約定給予金錢報酬。

13 氣候行動

13. 氣候行動

採取緊急措施以因應氣候變遷及其影響

→將氣候變遷的對應措施納入國家政策、策略與規劃之中；提供人民在氣候變遷的減險、適應等相關教育與知識等。

14 水下生命

14. 水下生命

保育及永續利用海洋與海洋資源，以確保永續發展

→預防各式各樣的海洋汙染；推動各種措施以實現健康又具有生產力的海洋，恢復海洋生態系統等。

15 陸域生命

15. 陸域生命

保護、維護及促進陸域生態系統的永續使用，永續的管理森林，對抗沙漠化，終止及逆轉土地劣化，並遏止生物多樣性的喪失

→保護、恢復及永續使用森林、溼地、山地等陸域生態系統等。

16 和平正義與有力的制度

16. 和平正義與有力的制度

促進和平且包容的社會，以落實永續發展；提供司法管道給所有人；在所有階層建立有效、負責且包容的制度

→終結各地各種形式的暴力與兒童虐待；促進國家與國際的法則，確保每個人都有公平的司法管道等。

17 夥伴關係

17. 夥伴關係

強化永續發展執行方法及活化永續發展全球夥伴關係

→已開發國家協助所有國家，尤其是經濟發展度較低的國家，達成永續發展目標等。

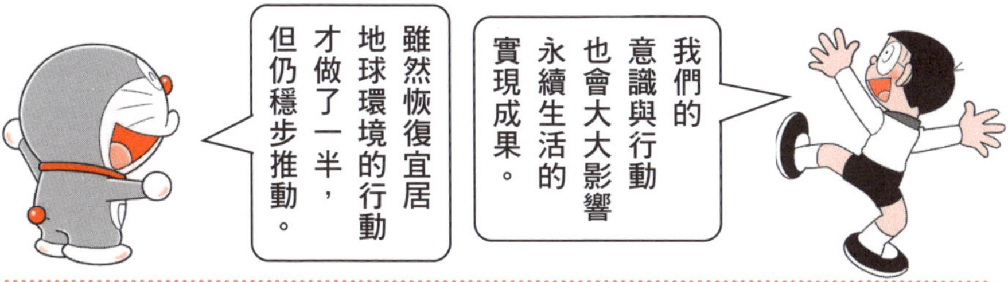
我們的意識與行動也會大大影響永續生活的實現成果。
雖然恢復宜居地球環境的行動才做了一半，但仍穩步推動。

挑戰小測驗

人類努力改善環境問題的歷史，誕生了目前的「永續性」行動方針。各位一起來回答最後的問題吧！

1 **一九七一年通過，為了保護水域動物的生態系統，保護重要溼地與湖泊的國際條約是哪一個？**

Ⓐ《拉姆薩公約》

Ⓑ《華盛頓公約》

Ⓒ《聯合國氣候變化綱要公約》

日本登錄的地方包括以毬藻聞名的北海道阿寒湖、有豐富珊瑚生態的和歌山縣串本町等處。

2 **一九九五年在德國召開首場會議，如今每年都在不同國家舉行，世界各國代表共同討論氣候變遷對策的會議簡稱，是以下哪三個英文字母？**

Ⓐ CAP

Ⓑ CUP

Ⓒ COP

用祕密道具記憶麵包，讓大雄記住所有問題的答案！

3 日本宣示「二〇五〇年淨零排放」的目標，請問是以下哪個物質淨零排放？

Ⓐ 光化學煙霧

Ⓑ 溫室氣體

Ⓒ 垃圾

4 以下哪一個是表示「不破壞環境，可持續」之意的詞彙？

Ⓐ 碳中和

Ⓑ 藍碳

Ⓒ 永續

5 二〇一五年聯合國通過，以「實現不落下任何人的社會，不只是開發中國家，已開發國家也要致力於解決經濟、社會和環境的各種議題」為主旨，提出十七項大目標（Goal）和一六九項指標（Target）的國際開發目標稱為什麼？

Ⓐ SDGs

Ⓑ 巴黎協定

Ⓒ 京都議定書

各位都知道答案吧？小測驗的答案和詳細解說，請參照一八八至一八九頁。

珊瑚礁復育計畫

關西大學化學生命工學部教授
上田正人
（本書審訂者）

為了保護海洋生物的生活

如今全世界科學家在各個領域，致力於改善地球環境。我投入的領域是復育珊瑚礁的研究與活動。誠如八十一頁所述，受到劇烈的氣候變遷影響，現在全世界的珊瑚礁有三成左右面臨滅絕危機，拯救珊瑚礁就是我的使命。

話說回來，有些人不清楚珊瑚礁有多重要。珊瑚礁只占地球表面百分之零點二的面積，並不起眼。然而，就在這小小天地裡，棲息並孕育著九萬多種多樣性生物，包括人類在內，許多生物都受惠於珊瑚礁。

事實上，珊瑚礁的骨骼是由二氧化碳構成，珊瑚可說是二氧化碳集合體。在光合作用下產生氧氣。二氧化碳是地球暖化的原因之一，珊瑚可以控制二氧化碳濃度，讓海洋環境適合海洋生物棲息。海洋每年從大氣中吸收約二十一億噸※二氧化碳，其中珊瑚礁功不可沒。

此外，珊瑚與貝類固定在海底，海底隆起形成陸地就會釋出二氧化碳。簡單來說，如果從人類對時間長度的概念來看，珊瑚的功能是透過光合作用吸收二氧化碳。不過，

※換算成碳的重量

若從「幾億年」這個地球歷史的宏觀角度來看，珊瑚和貝類才是整個地球碳循環的主角，可說是地球的「骨幹」。

而且，珊瑚還可以淨化海水，有助於維持潔淨的海洋。這也是珊瑚帶給包括棲息在珊瑚礁的九萬多種生物在內，總數高達五十多萬種海洋生物的「禮物」，也就是提供安穩的生活環境。

珊瑚礁為什麼重要？為什麼我要致力於復育珊瑚礁？相信各位看到這裡，已經知道問題的答案了。

【影像提供】上田正人

在地球的時間軸，珊瑚群體是碳「生成與循環」的主角。
什麼！要花這麼久的時間啊！
地球的「骨幹」是花了幾億年才形成的。

活用再生醫療技術

話說回來，我的專業是再生醫療，與海洋沒有直接關係。容我說明一下，假設某人的手臂嚴重燒傷，醫生會從患者的臀部切下一小塊皮膚，讓皮膚增生，製成細胞層片，移植到手臂上，讓手臂肌膚恢復原有狀態，這就是再生醫療。

有一次我得到研究珊瑚的機會。在研究過程中，我發現再生醫療研究的動物骨骼形成，與珊瑚骨骼形成十分相近，這項發現引起我的興趣。

接下來要說的內容有點專業，通常繁殖珊瑚必須將活珊瑚敲碎，利用珊瑚「碎片」繁殖，但這個方法會使原本的珊瑚受損。

我不希望傷害珊瑚，於是著手研究其他方法。我想到利用珊瑚的最小單位，也就是珊瑚蟲個體來繁殖珊瑚，效率最高。珊瑚蟲個體可以輕易附著在鈦金屬上，因此我創造了用鈦金屬採集珊瑚蟲個體，培育珊瑚的技術（左頁）。

這是我親自開發，世界首創的珊瑚增殖法。既不會傷害原有的珊瑚，還能培育新的珊瑚。鈦金屬的特性是「輕盈、強韌、不生鏽」，人類骨折時也會置入體內，是不傷害身體的材質，自然也不會危害海洋。

附著在鈦金屬的珊瑚蟲個體，早已在日本的鹿兒島縣與論島海域順利生長。也有小學生一起參與復育珊瑚礁的海上作業呢！

藍碳達成的碳中和目標

本書八十頁說明過藍碳是什麼。藍碳指的是遍布在各種海洋生物身邊，包括二氧化碳在內的碳。

現今地球暖化對策的主流觀念，是減少經濟活動排放的二氧化碳，增加海洋與森林吸收的二氧化碳，讓地球上的二氧化碳排放量「淨零排放」，達成碳中和目標。我認為復育珊瑚礁，可以有效率的推動藍碳達成碳中和的目標。

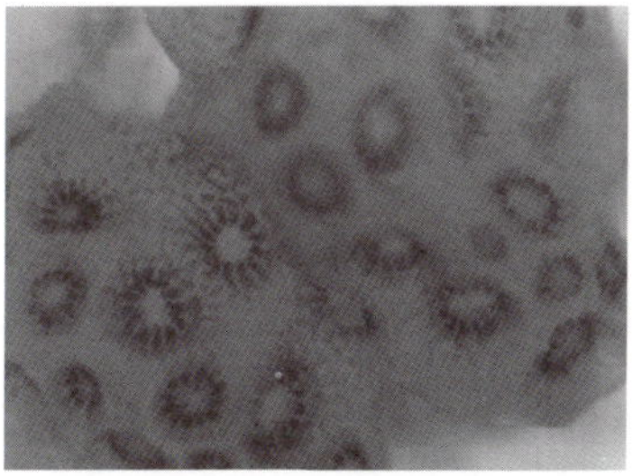

▲珊瑚是由石灰質骨骼與外形像眼睛的珊瑚蟲個體構成。

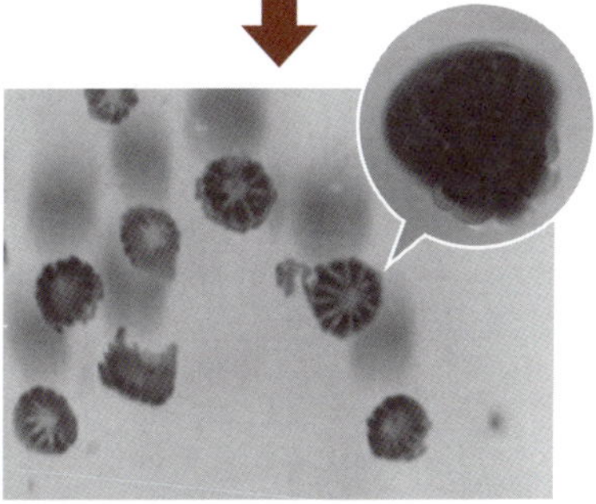

▲從珊瑚取出的珊瑚蟲個體，每個個體小於1mm。

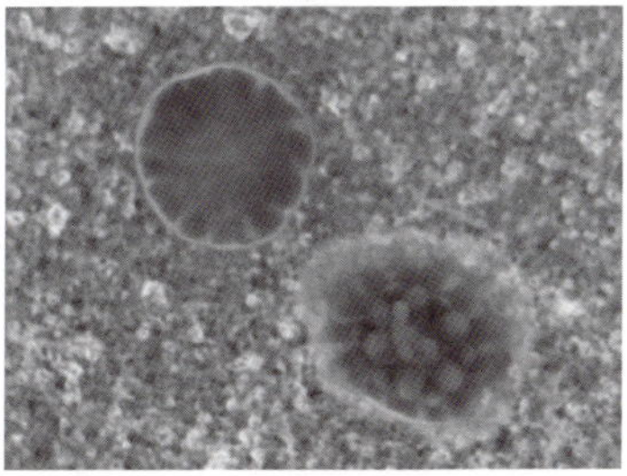

▲附著在鈦金屬上的珊瑚蟲個體。個體繼續成長，慢慢長成珊瑚。

【攝影】上坂菜菜子

話說回來，若要花一年吸收一噸二氧化碳，必須有七十棵杉木，換算成面積，至少需要三百五十平方公尺的樹林。

然而，珊瑚礁吸收一噸二氧化碳，僅需二十五平方公尺的桌形軸孔珊瑚。而且隨著珊瑚成長，每平方公尺的二氧化碳吸收量也會不斷增加。

水流很重要，可以清除珊瑚排出的黏液與碎屑（微生物的排泄物或遺骸等）。黏液是其他生物的營養來源，吸引生物群聚在珊瑚。

光與魚類排出的二氧化碳，讓珊瑚與海藻生成氧氣（光合作用）。

綜合上述內容，身為科學家，我會持續進行研究和採取行動，透過增殖珊瑚實現碳中和目標。做研究最重要的就是「持續」研究，直到做出成果。閱讀本書，關心環境問題的各位，長大後會上大學、出社會，衷心希望有一天能與各位一起研究如何改善地球環境。

水族箱裡的水溫維持在攝氏二十三到二十六度，和健康的海洋一樣，含有鹽分、鈣離子、鎂離子等成分，pH值為8.2至8.4，為生物提供絕佳的生活環境。

試著利用水族箱重現海洋生態系統與循環

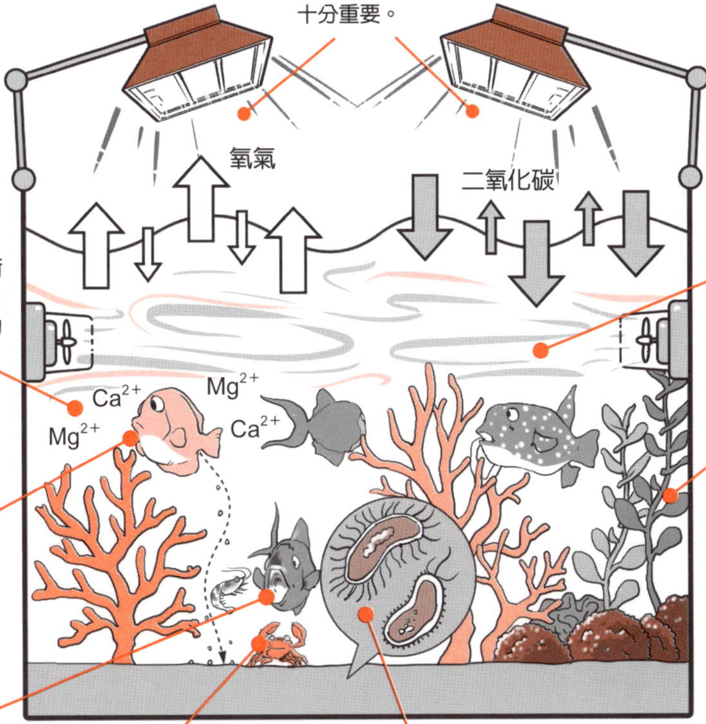

陽光對海洋生物十分重要。
氧氣
二氧化碳
海水含有比例均衡的鈣離子(Ca^{2+})和鎂離子(Mg^{2+})等物質。
Ca^{2+}
Mg^{2+}
Mg^{2+}
Ca^{2+}
吃小生物的大生物，被更大的生物吃掉，排泄出更大的排泄物。
小生物被大生物吃掉。
吃細菌的小生物聚集在此。
細菌分解魚的排泄物，成為各種生物的營養來源，同時增生各種細菌。

●審訂者簡介　**上田正人**

（關西大學化學生命工學部教授・Innoqua株式會社董事CTO）

1974年出生於大阪府。大阪化學研究所工學研究科博士後課程修畢。歷任大阪大學研究所助教、關西大學專任講師、關西大學副教授、英國劍橋大學客座研究員，2017年起擔任現職。專業為再生醫療、生物材料。2015年起參與珊瑚礁復育研究。週末是美式足球選手。

挑戰小測驗 答案和解說

第1章（50～51頁）

1 **答案** Ⓑ **二氧化碳和甲烷**

溫室氣體指的是二氧化碳和甲烷等。二〇一九年全球排放的溫室氣體比例，二氧化碳約為76%、甲烷約為16%、其他的氣體約為8%。二氧化碳的比例遠高於其他溫室氣體。

2 **答案** Ⓒ **工業革命**

工業革命是透過燃燒煤炭等化石燃料，大幅改變製造業和交通工具的重大變革。雖然世界因此變方便，卻排放了大量二氧化碳。

3 **答案** Ⓐ **森林**

森林與海洋可以吸收二氧化碳，亞洲與歐洲慢慢增加森林面積，非洲大陸和南美大陸森林面積則持續減少中。

4 **答案** Ⓒ **30%**

海洋對於吸收二氧化碳有極大的貢獻，其吸收量約占整體二氧化碳的三成。令人擔心海水溫度升高，導致吸收二氧化碳的珊瑚礁消失，削弱二氧化碳的吸收力。

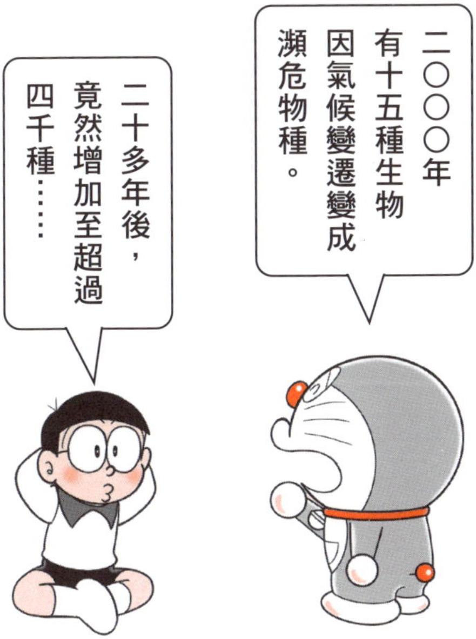
二〇〇〇年有十五種生物因氣候變遷變成瀕危物種。
二十多年後，竟然增加至超過四千種……

5 答案 Ⓒ 四千種

目前人類已知在地球上生活的生物種類約有一百七十五萬種，當中包括北極熊、海龜、熊貓、袋鼠等，超過四千種生物列入瀕危物種。不僅如此，二〇〇〇年以後，數量急速暴增。

第2章（82～83頁）

1 答案 Ⓐ 太陽能發電

二〇二一年，日本再生能源的發電量中，太陽能發電約為九百六十九億瓩，占比最高。順帶一提，這一年的水力發電量約為八百零六億瓩，風力發電量約為九十二億瓩。再生能源的發電量，日後一定會越來越高。

2 答案 Ⓑ 氫燃料電池車

氫氣與氧氣的化學反應產生電力，以此能源驅動的車輛就是氫燃料電池車。油電混合車是利用汽油與電力驅動的車輛。汽油車是只靠汽油驅動的車輛。

※挑戰小測驗的答案請繼續參閱次頁。

以下是接續前一頁第2章的答案。

3 答案 Ⓑ 因應對策

人類為了適應外部環境，改變行動和意識，達到減少風險的目標。簡單來說，炎熱的日子要穿著可以預防中暑的服裝出門，避免被蚊蟲叮咬，預防傳染病，這些行為就是因應對策的一種。

4 答案 Ⓒ 珊瑚礁

若要花一年的時間吸收一噸二氧化碳，需要七十棵杉木；若要種植七十棵杉木林，至少要三百五十平方公尺的土地。珊瑚礁吸收二氧化碳的能力很強，吸收一噸二氧化碳，僅需二十五平方公尺的桌形軸孔珊瑚。而且隨著珊瑚成長，每平方公尺的二氧化碳吸收量也會不斷增加。

5 答案 Ⓒ 碳中和

當森林與海洋吸收的二氧化碳，與溫室氣體的排放量相同時，等於地球上溫室氣體達到「淨零排放」，也就是碳中和。

第3章（114～115頁）

1 答案 Ⓑ 資源垃圾

垃圾大致可分成可燃垃圾、不可燃垃圾、資源垃圾與大型垃圾四種。其中鐵罐、鋁罐、寶特瓶、報紙等，可以再製成生產原料的垃圾稱為資源垃圾。各地區的垃圾分類有不同規定，請先確認並好好分類。

2 答案 Ⓐ 面紙

Ⓑ用完的電池絕不能當可燃垃圾丟棄，為避免發生危險，請拿到設有電池回收箱的電器行或超商回收。Ⓒ陶碗無法做成其他製品的原料，屬於不可燃垃圾。

我們在第3章學到日常生活可執行的環境對策，趕快上網了解居住城鎮的垃圾分類規定。

3 答案 Ⓒ 海灘垃圾

被沖上海岸的廢棄物稱為海灘垃圾。大多是樹木與海藻等自然物，但其中也混雜著捕魚工具、生活垃圾、寶特瓶等塑膠製品、空罐等。務必遵守分類規定好好回收，減少海灘垃圾。

※挑戰小測驗的答案請繼續參閱次頁。

4 答案 Ⓒ 八百萬噸

每年流入海洋的塑膠垃圾，全球約為八百萬噸，而且數量持續增加。長年以來，累積在海洋的塑膠垃圾量約高達兩億噸。

5 答案 Ⓐ 生態系

所有棲息在地球上的各種生物，都與其他生物和自然環境有關，維持物種均衡、數量合宜的生活。生物與自然環境相輔相成，形成生態系。為了永續維持生態系，努力避免任一種生物面臨滅絕危機，也是環境問題的一大課題。

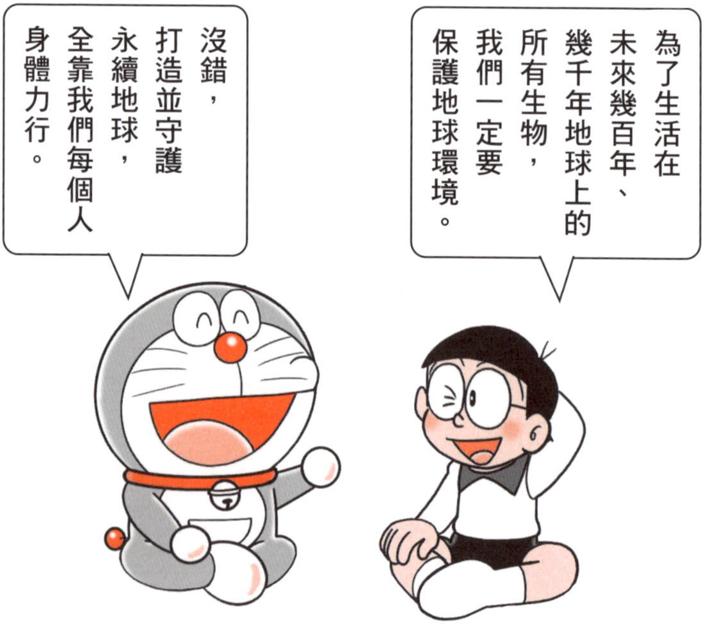

為了生活在未來幾百年、幾千年地球上的所有生物，我們一定要保護地球環境。
沒錯，打造並守護永續地球，全靠我們每個人身體力行。

第4章（142～143頁）

1 **答案**　Ⓒ **Reduce（減少使用）**

減少垃圾，回收再利用不要的物品，藉此保護地球環境的社會稱為循環型社會。減少使用是實現循環型社會的方法之一，重點在於盡可能不產生垃圾，從源頭阻斷製造垃圾的可能性。不過度購買也很重要。

2 **答案**　Ⓑ **Reuse（物盡其用）**

回收資源垃圾，加工成其他商品，需要耗費許多能源，也會排放二氧化碳。有鑑於此，不加工使用的物品，可以重複使用的東西就重複使用，這類概念就是物盡其用。

3 **答案**　Ⓐ **Recycle（循環回收）**

回收空罐、牛奶盒等資源，再製成原料重複使用的概念就是循環回收。

4 **答案**　Ⓒ

Ⓐ是容器或包裝使用塑膠材質的回收標誌。

Ⓑ是鋁罐等的回收標誌。

5 **答案**　Ⓒ **兩者皆是**

將別人送的或買太多的食物，以及家人吃不完的食品捐出去，送給需要的人，就能減少糧食損失與浪費，可說是第**2**題物盡其用的食物版。

第5章（174～175頁）

1 答案 Ⓐ《拉姆薩公約》

日本於一九八〇年加入，二〇二二年為止登錄了北海道阿寒湖、和歌山縣串本町、滋賀縣琵琶湖等五十三處。順帶一提，《華盛頓公約》嚴禁買賣有滅絕之虞的動植物。《聯合國氣候變化綱要公約》是預防地球暖化的國際條約，於一九九二年通過。

2 答案 Ⓒ COP

亦稱為「締約國會議」，是規模最大的討論氣候變遷對策國際會議，為世界各國的環境問題對策帶來深遠影響。

第5章的問題會不會有點難啊？
是有點難，不過這些都是一定要知道的常識。

3 答案 Ⓑ 溫室氣體

「二〇五〇年淨零排放」指的是減少排放溫室氣體，同時增加森林和海洋吸收溫室氣體的分量，使兩者的差在二〇五〇年達到零的目標。

4

答案　Ⓒ 永續

整備永續環境，打造人們可以健康且滿足的生活的城市稱為「永續城市」。建立所有人一起共享電動車或一輛車的系統稱為「永續交通」。SDGs的「S」是永續的英文Sustainable的首字母。

5

答案　Ⓐ SDGs

SDGs的17項大目標（Goal）不只是氣候變遷對策，或恢復地球暖化導致危害的陸域、海域生態系統。還包括致力於解決貧窮、飢餓，打造讓全世界所有人都能接受高品質教育的環境，消弭歧視，營造和平的世界等。

環境問題是整個世界都要共同解決的問題，關鍵在於「每個人都要做到自己能做的事」。只要做到這一點，就能實現目標。不僅如此，實現目標的主角就是閱讀本書的你們！

參考資料、文獻清單

除了本文中記載的出處和參考資料外，本書還參考了以下網站、書籍資料與文獻，在此致上誠摯的謝意。

第1章

- COOL CHOICE網站「2100年未來的天氣預報（新作版）」【日本環境省】
- 日本的季節平均氣溫／日本的年平均氣溫差【日本氣象廳】
- 報導資料：2023年（5到9月）中暑送醫狀況【日本總務省】
- 2023年度環境白皮書、循環型社會白皮書、生物多樣性白皮書【日本環境省】
- 森林吸收了多少二氧化碳？【日本林野廳】
- 世界森林資源評估（FRA）2020年主要報告概要【日本林野廳】
- 地球暖化對野生生物的影響（2017/09/06）【WWF JAPAN】
- 地球暖化與傳染病【日本環境省】
- 農業生產的氣候變遷適應指南（水稻篇）「改訂版」【日本農林水產省】
- 2022年度水產白皮書【日本水產廳】

第2章

- 電力調查統計、關於今後能源政策【日本資源能源廳・經濟產業省】
- 資源能源廳官網【日本資源能源廳・經濟產業省】
- 國土交通省官網【日本國土交通省】

第3章

- 日經電子版（2019年12月31日）【日本經濟新聞社】
- 2021年版環境、循環型社會、生物多樣性白皮書【日本環境省】
- 與塑膠有關的國內外狀況〈資料集〉【日本環境省】
- 因應新成長的環境行政　2. 海洋塑膠垃圾對策【日本環境省】
- 塑膠資源循環／什麼是生物塑膠？【日本環境省】

第4章

- 2021年版環境、循環型社會、生物多樣性白皮書【日本環境省】
- 糧食浪費入口網站【日本環境省】

- 了解與學習糧食浪費【日本消費者廳】

第5章

- 改訂第9版　環境社會檢定考試© eco檢定官方講義【日本東京商工會議所編著】
- 聯合國人類環境會議（斯德哥爾摩會議：1972年）（環境省參考資料3）【日本環境省】
- 科學與環境年表【日本環境省】
- 1997年版環境白皮書第1節地球暖化問題的狀況、認識地球暖化的過程【日本環境省】
- 去碳化入口網站「什麼是COP？介紹氣候變遷相關COP」【日本環境省】
- COP15（於哥本哈根）的主要成果與概要【日本環境省】
- 報導發表資料COP28【日本環境省】
- 事到如今問不出口的《巴黎協定》～協定決定了什麼？我們該做什麼？～（2017年8月17日）【日本資源能源廳】
- 地球環境、國際環境協力2050年碳中和之實現【日本環境省】
- 去碳化入口網站【日本環境省】
- 2020年版能源相關年度報告第1部第2章第2節　海外各國的去碳化動向【日本經濟產業省、資源能源廳】
- 讀賣新聞網路版（2024年1月6日）【日本讀賣新聞社】
- 面對現在的諸多課題【日本環境省】
- 預估永續發展目標（SDGs）進展時運用的指標【日本總務省】
- SUSTAINABLE FASHION～今後時尚的永續性～【日本環境省】
- 永續且健康的飲食生活提案【日本環境省】
- JAPAN SDGs Action Platform【日本外務省】

■所有頁面的用語說明和定義，皆參考以下資料，由編輯部撰文。

- 日本大百科全書（Nipponica）【小學館】
- 數位大辭泉【小學館】

哆啦A夢學習大進擊⑤

地球環境復原燈

■角色原作／藤子・F・不二雄
■原書名／ドラえもんの社会科おもしろ攻略——環境問題とわたしたちのくらし
■漫畫審訂／Fujiko Pro
■內容審訂／上田正人（日本關西大學化學生命工學部教授）
■日文版封面設計／横山和忠
■漫畫、插圖／Haruo Saito
■插圖／高梨 Toshimitsu
■日文版頁面設計、排版／濱口江美（knot）
■日文版編輯協作／小倉宏一（Bookmark）、石川享（knot）、逸見 Yumi
■日文版編輯／細川達司（小學館）、四井寧
■翻譯／游韻馨

發行人／王榮文
出版發行／遠流出版事業股份有限公司
地址：104005 台北市中山北路一段 11 號 13 樓
電話：(02)2571-0297　傳真：(02)2571-0197　郵撥：0189456-1
著作權顧問／蕭雄淋律師

2025 年 9 月 1 日 初版一刷
定價／新台幣 350 元（缺頁或破損的書，請寄回更換）

有著作權・侵害必究　Printed in Taiwan

ISBN 978-626-418-321-5
遠流博識網　http://www.ylib.com　E-mail:ylib@ylib.com

◎日本小學館正式授權台灣中文版
● 發行所／台灣小學館股份有限公司
● 總經理／齋藤滿
● 產品經理／黃馨瑝
● 責任編輯／李宗幸
● 美術編輯／蘇彩金

國家圖書館出版品預行編目資料(CIP)

地球環境復原燈 / 藤子・F・不二雄漫畫角色原作；日本小學館編輯撰文；游韻馨翻譯. -- 初版. -- 台北市：遠流出版事業股份有限公司, 2025.9
面；　公分. --（哆啦 A 夢學習大進擊；5）
譯自：ドラえもんの社会科おもしろ攻略：環境問題とわたしたちのくらし
ISBN 978-626-418-321-5（平裝）

1.CST: 環境教育　2.CST: SDGs　3.CST: 漫畫

523.38　　113016837

DORAEMON NO GAKUSHU SERIES
DORAEMON NO SHAKAIKA OMOSHIRO KORYAKU—
KANKYOMONDAI TO WATASHITACHI NO KURASHI
by FUJIKO F FUJIO

©2025 Fujiko Pro
All rights reserved.
Original Japanese edition published by SHOGAKUKAN.
World Traditional Chinese translation rights (excluding Mainland China but including Hong Kong & Macau) arranged with SHOGAKUKAN through TAIWAN SHOGAKUKAN.

※ 本書為 2024 年日本小學館出版的《ドラえもんの社会科おもしろ攻略—環境問題とわたしたちのくらし》台灣中文版，在台灣經重新審閱、編輯後發行，因此少部分內容與日文版不同，特此聲明。